10대를 위한
코로나바이러스 보고서

마스크 착용, 원격 수업,
재택근무가 일상이 된 뉴노멀 사회

10대를 위한
코로나바이러스 보고서

코니 골드스미스 글 | 김아림 옮김

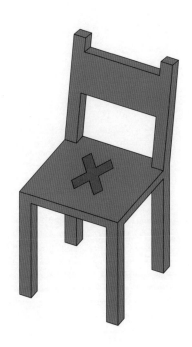

오유아이 Oui

코로나19가 유행하는 동안
온몸을 던져 헌신한 의료 관계자들과
응급 요원들에게 이 책을 바칩니다.

차 례

1장
의사의 용기 있는 행동

우리 인류는 지구라는 행성의 주인인 것처럼 행동하지만, 진짜로 세상에 영향력을 끼치는 존재는 미생물과 곤충이다. 그리고 이들이 이 사실을 알려 주는 한 가지 방식은 감염병을 옮기는 것이다. 이들은 설치류나 박쥐 같은 작은 동물의 도움을 받아 병을 전파한다.

-알리 S. 칸(Ali S. Khan), 미국 네브래스카대학교 의료센터 공중 보건의, 2016년

리원량李文亮은 중국 중부 양쯔강을 따라 자리한, 약 1100만 명이 거주하는 대도시인 우한의 우한대학교에서 의학을 공부했다. 의대를 졸업한 뒤 리원량은 2014년부터 우한중앙병원에서 안과 의사로 일했다. 2019년 12월, 리원량은 한 무리의 환자들이 사스SARS(중증 급성 호흡기 증후군)와 비슷한 증상을 보인다는 사실을 알아챘다. 2002년에 발생한 사스는 21세기 들어 처음 등장한 새로운 질병이었다. 그에 따라 일곱 명의 환자가 우한중앙병원에 격리되었다. 이들은 공통점을 갖고 있었는데, 거의 같은 시기에 이 지역 수산 시장을 방문했다는 것이다.

리원량은 다만 동료 의사들에게 사스와 관련 있는 바이러스가 발생했을 가능성을 알리려고 했다. 한 남성 환자의 검사 자료를 실험실에서 분석해 보니 사스를 일으키는 바이러스의 한 유형인 코로나바이러스에 감염된 것으로 나타났다. 리원량은 중국의 소셜 네트워크 서비스인 위챗WeChat을 통해 의대 동창생들에게 메시지를 보냈다. 바이러스에 감염되지 않도록 보호복을 챙겨 입으라는 조언이었다. "난 단지 의대 동창생들에게 조심하라고 일러주고 싶었을 뿐이에요." 하지만 이 글이 널리 퍼지자 리원량은 덜컥 겁이 났다. "그 포스팅이 내 통제를 벗어나 마구 퍼졌고, 나는 당국의 처벌을 받지 않을까 걱정되었죠."

리원량의 우려는 현실이 되었다. 나흘 뒤 우한의 공안 당국이 리원량을 불러 자신이 거짓 정보를 퍼뜨려 사회를 혼란에 빠뜨렸다는 내용의 문서에 서명하라고 했다. 공안은 여기에 서명하지 않는다면 '재판에 회부될 것'이라고 협박했다. 결국 리원량은 그 문서에 서명했다. 그가 잘못된 내용을 이야기했고 법에 어긋나는 행동을 저질렀다고 인정하는 이 문서는 중국 인터넷에 퍼졌다.

그제야 정부는 리원량이 자기 업무로 돌아가는 것을 허락했다. 일주일 뒤 리원량은 녹내장에 걸린 한 여성을 치료했다. 하지만 이 환자가 새로운 코로나바이러스에 감염되었다는 건 이 여성도, 리원량도 미처 몰랐다. 2020년 1월 10일, 리원량은 기침을 했고 열이 나기 시작했다. 이틀이 지나 그는 병원 격리실에 들어갔다. 리원량이 진찰했던 환자들 가운데 많은 사람이 같은 증세를 보여 병원에 입원했다. 1월 20일, 중국 정부는 감염병 비상사태를 선포했다.

하지만 리원량에게는 너무 늦은 조처였다. 리원량의 병세는 계속 나빠졌고, 결국 2월 7일 34세의 나이로 우한중앙병원에서 사망했다. 리원량에게는 임신한 아내와 어린 아들이 있었지만 다행히도 가족들은 증세가 없었다. 중국 전역에서 사람들은 리원량을 '영웅적인 의사'라고 불렀다. 그리고 동료들은 리원량이 신종 코로나바이러스 감염병을 처음으로 외부에 알린 의료 전문가라고 평가했다.

미국 볼티모어에 자리한 블룸버그 공중보건대학 존스홉킨스 센터 소장 톰 잉글스비Tom Inglesby는 리원량에 대해 이렇게 말했다. "치명적인 새로운 질환이 발병하는 세상에서 가장 중요한 경고 시스템 가운데 하나는, 바로 의사나 간호사 들이 새로운 병이 나타났다는 사실을 깨닫고 알리는 것이죠. 그리고 아무리 주변 상황이 좋다고 해도 누군가 나서서 그런 말을 하는 데는 지성과 용기가 필요합니다."

만약 중국 정부가 리원량에게 자기가 거짓말을 했다고 억지로 자백하게 하는 대신 그의 말을 귀담아들었다면, 신종 코로나바이러스의 발병은 어느 정도 통제될 수 있었을 것이다. 어쩌면 전 세계로 그렇게 빠르게 퍼지지 않았을 수도 있다. 감염병이 세계적으로 유행하는 팬데믹으로 이어져 수백만 명의 목숨을 빼앗고, 기업과 학교의 문을 닫게 하고, 우리의 생활 방식을 아예 뒤집는 일이 생기지 않았을지도 모른다.

야생 동물 시장에서 벌어진 일

2021년 3월, 미국 공영 라디오 방송인 NPR은 세계보건기구^{WHO}의 한 조사단이 새로운 사스 바이러스가 발생한 원천을 밝혀냈다고 발표했다. 중국의 야생 동물 농장은 사향고양이, 호저(몸에 길고 뻣뻣한 가시털이 덮여 있는 설치류), 천산갑 같은 타지에서 온 동물들을 사육해 야생 동물 시장에 내다 팔았다. 바로 이 농장에서 새로운 바이러스가 박쥐로부터 농장에서 사육하던 동물로 전염되었을 가능성이 높았다. 이후 전염된 동물들은 우한의 화난수산물도매시장으로 팔려 나갔다.

야생 동물 시장에서는 동물들이 우리 속에 밀집되어 갇혀 있다 보니 스트레스를 받아 면역 체계가 약화되었다. 그러면 바이러스가 유전 물질을 섞고 교환할 기회가 생긴다. 그렇게 사스 바이러스를 비롯해 리원량을 죽음으로 몰았던 새로운 변종 바이러스가 만들어졌을 수 있다. 이 새로운 질병은 동물을 감염시키고, 이어서 인간을 감염시킨다.

신종 바이러스의 발원지를 찾는 세계보건기구 조사단의 한 사람인 린파 왕$^{Linfa Wang}$은 화난수산물도매시장에서 엄청난 전파

다른 나라의 농산물 시장처럼 중국의 시장에서도 싱싱한 고기와 농산물을 판다. 하지만 사진 속의 화난 수산물도매시장에서는 사향고양이나 천산갑 같은 동물도 그 자리에서 바로 도살해 판매되었다. 과학자들은 오랫동안 이루어진 이런 일이 2002년 사스의 발병과 2019년 신종 코로나바이러스의 발생으로 이어졌다고 생각한다.

와 감염이 이뤄지고 있었던 것은 확실하며, 살아 있는 동물을 해부한 결과 양성 반응을 보인 샘플을 많이 발견했다고 말했다. 중국 정부는 2019년 12월 31일 화난수산물도매시장을 폐쇄한 데 이어 2020년 2월에는 시장에 동물을 공급하던 야생 동물 농장들을 모두 폐쇄했다.

시장의 잘못일까, 우한연구소의 잘못일까?

과학자들이 신종 코로나바이러스를 확인한 지 몇 달이 지나면서 이 바이러스가 어디에서 시작되었는지를 두고 여러 가지 의견이 나왔다. 정말로 야생 동물 시장에서 나온 것일까, 아니면 박쥐에게서 발견된 코로나바이러스를 연구하던 우한바이러스연구소에서 우연히 새어 나온 것일까?

2020년 5월 초, 당시 미국 대통령이던 도널드 트럼프Donald Trump는 뉴스 전문 채널 〈폭스 뉴스〉에 출연해 중국이 끔찍한 실수를 했으며, 그 실수를 인정하지 않으려 한다고 주장했다. 하지만 일간지 〈워싱턴 포스트〉에서 지적했듯이 근거 없는 주장이었다. 어쨌든 트럼프 대통령은 바이러스가 우한의 연구소에서 나왔고, 이런 가설을 뒷받침하는 정보 기관의 보고를 들었지만 자세한 설명은 허용되지 않아 할 수 없다고 말했다. 그리고 이렇게 덧붙였다. "바이러스 발원지에 관한 많은 설이 있지만 나는 이 문제에 대해 무척 강한 의견을 가진 사람들 편에 서 있습니다. 그들은 과학자와 지성인 들을 비롯해 여러 사람들입니다."

마이크 폼페이오Mike Pompeo 당시 미국 국무장관도 이 바이러스가 우한연구소에서 나왔다고 주장했고, 트럼프 대통령과 마찬가지로 자세한 정보를 덧붙이지는 않았다. 이 주장 역시 근거는 없었지만, 그는 〈ABC 뉴스〉의 '디스 위크'라는 프로그램에 나와 우한연구소에서 신종 바이러스가 시작되었다는 엄청난 증거가 있다고 말했다.

당시 중국 외교부 대변인인 겅솽耿爽은 기자 회견을 열고 이

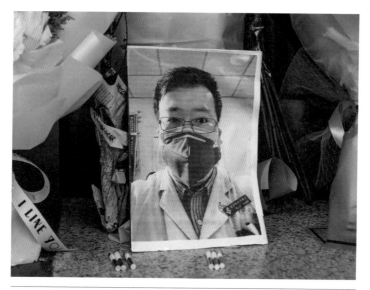

사진 속 인물인 리원량은 신종 코로나바이러스를 발견하고, 이것이 치명적인 감염병을 세계 곳곳으로 퍼뜨릴 수 있다고 처음으로 경고한 의사다. 2020년 2월 리원량이 코로나19로 목숨을 잃은 뒤 많은 사람들이 그의 용기 있는 행동을 기렸다.

런 주장에 대해 이렇게 대응했다. "몇몇 미국 정치인들이 바이러스의 발원지에 대해 뻔한 거짓말로 사람들을 속이려는 이유는 책임을 다른 곳에 덮어씌우기 위해서입니다."

미국 네브래스카대학교 의료센터 공중 보건의 알리 S. 칸의 추정에 따르면, 신종 감염병의 70~80%가 동물이나 곤충을 통해 사람에게 전파된다. 그 가운데 거의 절반이 바이러스성 질병이다. 신종 코로나바이러스도 예외가 아닌 것처럼 보였다.

그렇지만 시사 주간지 〈뉴요커〉의 기사에 따르면, 초기 환자 41명 가운데 우한 화난수산물도매시장을 방문한 사람은 27명 뿐이었고, 나머지 14명은 그 시장에 간 적이 없었다. 이후 2019년 11월부터 우한에서 바이러스가 돌았다는 증거가 발견되었다. 즉 이것은 사람들이 시장 안으로 바이러스를 옮길 수도 있었고, 시장 밖으로 바이러스를 퍼뜨릴 수도 있었음을 보여 준다. 다시 말해 우한 시장이 바이러스의 발원지가 아닐 수도 있다는 것이다.

그리고 이보다 앞서 2020년 4월에 NPR 방송은 야생 바이러스를 수집하고 연구하는 주요 연구자들 열 명과 연락을 주고받은 적이 있었다. 이 열 명의 전문가들 모두 코로나바이러스가 동물과 사람 사이를 넘나들며 감염한다고 생각했다. 캘리포니아대학교 데이비스 캠퍼스의 감염병학 교수이자 신종 질병을 감시하는 전 세계적인 프로젝트의 책임자 조나 마제트^{Jonna Mazet}는 모든 증거를 검토해 보면 이 사태가 연구소에서 발생한 사고가 아니라는 사실을 알 수 있다고 말한다.

여러 감염병 전문가들은 새로운 유형의 독감이 다음 팬데믹 (감염병의 세계적 유행)을 일으킬 가능성이 가장 높은 질병이라고 내다봤다. 하지만 실제로 2020년에 전 세계를 뒤흔든 감염병은 독감이 아니었다. 바로 2019년 말에 리원량이 찾아냈던 사스와 메르스^{MERS} (중동 호흡기 증후군) 바이러스의 먼 친척인 신종 코로나바이러스가 그 주인공이었다.

WHO는 새롭게 발견된 이 사스 코로나바이러스의 이름을

'사스-코브-2$^{SARS-CoV-2}$(CoV는 코로나바이러스를 뜻함)'라고 지었다. 이 바이러스가 일으키는 질병이 코로나19이며, 리원량이 2019년에 처음 발견한 뒤로 이 이름이 붙었다. 사스-코브-2는 사스-코브-1$^{SARS-CoV-1}$(최초로 발견된 사스 바이러스에 새로 붙여진 이름)에 비해 치명률*이 낮았다. 하지만 이 신종 코로나바이러스는 훨씬 더 빠르게 전 세계를 휩쓸었고, 훨씬 더 많은 나라에까지 퍼져 나갔다.

그리고 지구상에 이 바이러스에 면역이 있는 사람은 아무도 없는 것처럼 보였다.

***치명률**: 어떤 질병에 걸린 환자 가운데 사망자의 비율이 얼마나 높은지 알려 주는 지표이다.

2장

미생물이란 무엇일까?

지난 수십 년 동안 새로 생겨난 약 30종류의 질병이 팬데믹으로 바뀔 가능성을 보였다. 이제는 팬데믹이 오느냐 안 오느냐의 문제가 아니다. 그것이 언제 어떤 바이러스로 시작되어 얼마나 심각한 결과를 가져올 것인가의 문제이다.

-래리 브릴리언트(Larry Brilliant), 미국의 공중 보건 전문가, 2017년

미생물이란 매우 작아 눈으로 볼 수 없는 생물로, 우리가 현미경을 통해서만 볼 수 있다. 흔히 세균을 이르며, 바이러스를 포함하기도 한다. 미생물 가운데는 사람에게 이롭거나 아무런 영향을 미치지 않는 것도 있지만, 질병을 일으키는 것도 있다. 세균과 바이러스는 사람을 감염시키는 가장 흔한 미생물이다.

　세균은 자연 환경 속에서 스스로 살아가며 번식할 수 있는 단세포 유기체다. 만약 여러분이 생닭에서 흘러나온 육즙을 조리대에 엎질렀다면 즙 안에 있던 세균이 살아남아 증식할 것이다. 어떤 세균은 즙이 마르거나 행주로 조리대를 닦은 뒤에도 여전히 남아 있을지 모른다. 세균 가운데 어떤 것은 패혈성 인두염, 라임

병, 파상풍을 비롯해 임질이나 매독 같은 성병을 일으킨다.

세균에 비하면 바이러스는 훨씬 단순하다. 바이러스는 사람이나 동물 같은 숙주 몸속의 살아 있는 세포 안에서만 증식할 수 있다. 이런 바이러스는 독감, 홍역, 간염, 에이즈^AIDS(후천성 면역 결핍증) 등을 일으킨다.

세균-살아 있는 미생물

사람의 몸속에는 약 1.4킬로그램의 세균이 있다. 비록 일부 세균이 우리를 병들게 하거나 사망에 이르게까지 하지만, 대부분의 세균은 사람에게 이롭다. 사실 우리 몸은 세균이 필요하다. 사람의 몸속에서는 이로운 세균과 해로운 세균이 정교하게 균형을 이루고 있다. 적절한 곳에 적절한 세균을 지니고 있으면 우리는 건강을 유지할 수 있다. 예를 들어 연쇄상구균인 스트렙토코쿠스 비리단스는 사람의 콧구멍과 목 안에서 해를 끼치지 않고 살아가며, 그 과정에서 폐렴과 뇌수막염을 일으키는 위험한 세균인 폐렴균을 몰아낸다. 또한 위장 속 세균들은 우리가 음식을 잘 소화하도록 돕는다. 피부에도 여러 종류의 세균이 있어 죽은 피부 세포를 먹어 치운다. 사람과 함께 살아가는 이로운 세균들은 면역계를 강화해 해로운 세균이 나타나면 우리 몸이 잘 맞서 싸울 수 있도록 한다.

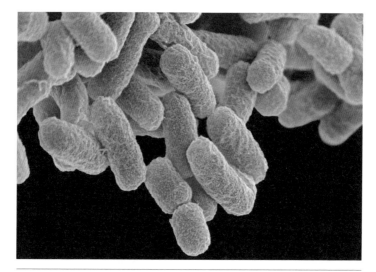

사람 몸속에 사는 세균인 대장균을 찍은 디지털 채색 전자 현미경 사진. 대부분의 대장균 균주는 해롭지 않지만, 어떤 것은 식중독을 일으키기도 한다. 식품이 대장균에 오염되면 식품 제조 회사에서는 상품을 거두어들여서 보상하는 리콜을 시행한다.

대부분의 세균은 '편모'라고 하는 꼬리 모양의 세포 기관을 가지고 있어서 혈액이나 물 같은 액체를 헤치고 앞으로 나아갈 수 있다. 편모는 세균이 영양분을 향해 이동하고 독성 물질을 피하도록 돕는다. 또 많은 세균들은 선모*를 가진다. 작은 털 모양의 선모는 세균이 다른 세포나 사람의 목구멍 안 같은 표면에 달라붙도록 도와준다. 두 세포의 선모가 다리처럼 연결되며 세균과 세균 사이에 유전 정보를 전달하는 접합이 이뤄지기도 한다. 이

---

*선모: 원핵 세포 바깥에 있는 운동성이 없는 직선 모양의 털. 진핵 세포는 운동성 있는 털이 있으며, 이를 '섬모'라 한다.

러한 접합을 통해 정보를 받은 세균은 특정한 항생제에 대한 저항성 같은 유전적인 이점을 얻기도 하는데, 그러면 세균이 더 잘 살아남아 번성할 수 있다.

또 세균은 내부 구조를 보호하는 세포벽*을 지닌다. 세포벽 안에는 젤리 같은 세포질이 있어 다음과 같은 여러 내부 기관을 붙잡아 준다.

- **리보솜** 세균을 위해 양분을 만든다. 세포질에서 단백질을 합성하는 역할을 한다.
- **미토콘드리아** 양분을 소화해 세균에 에너지를 공급한다.
- **염색체** 데옥시리보 핵산DNA 또는 리보 핵산RNA 같은 유전 정보를 한데 붙들고 있는 구조물이다. 이런 정보는 세균이 번식하는 데 필요하다. DNA와 RNA는 '뉴클레오이드'라고 불리는 세균 세포의 한 구역 안에 자리한다. 세포 안에서 DNA는 어떤 유기체의 모양, 생존, 재생산 같은 것을 통제하는 유전자를 운반한다. 사람의 경우 유전자는 키, 눈동자 색깔을 비롯해 여러 신체적인 특징을 결정한다. 그리고 RNA의 주된 역할은 이런 지시 사항을 DNA에서 세포의 다른 부위로 옮기는 것이다. 화학적으로 RNA는 DNA와 거의 같다. 하지만 RNA는 화학적 염

---

*세포벽: 세균의 세포벽은 펩티도글리칸(탄수화물+단백질)이 주성분이고, 식물의 세포벽은 셀룰로오스(탄수화물)가 주성분이다.

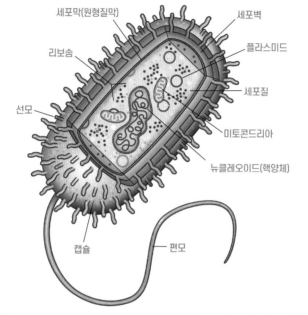

세포막(원형질막)　　세포벽

리보솜　　플라스미드

선모　　세포질

미토콘드리아

뉴클레오이드(핵양체)

캡슐　　편모

기 단위체들이 한 개의 줄(단일 나선)을 이루고 있는 반면 DNA
는 두 개의 줄(이중 나선)을 이루고 있다.

- **플라스미드** 몇몇 세균은 세포질 안에 플라스미드라는 둥근 모
  양의 DNA를 지닌다. 세균은 접합을 통해 다른 세균에게 플라
  스미드를 전달한다. 플라스미드 속의 유전 정보는 세균이 항생
  제에 저항성을 갖도록 유전적인 이점을 제공한다.

세균은 두 개의 동일한 세포로 나뉘며 번식한다. 조건이 잘 갖춰지면 20~30분에 한 번씩 분열할 수 있다. 그러면 8시간 만에 하나의 세균이 1677만 7216마리*가 된다! 세균은 이동하고 번식하기 위해 양분이 필요하며, 산소도 필요하다.

바이러스 -산 것도 죽은 것도 아닌 좀비 같은 존재

세균이 살아 있는 유기체라면, 바이러스는 완전히 다른 것이다. 살아 있지도 않지만 죽었다고도 볼 수 없기 때문이다. 이렇듯 바이러스는 현미경 속 세상의 좀비 같은 존재다. 바이러스는 생명이라고 규정할 만한 활동을 전혀 하지 않는다. 예컨대 스스로 이동하거나 번식하지 못한다. 살아가기 위해 양분이나 산소도 필요하지 않다. 그 대신 살아 있는 숙주 세포(다른 미생물을 기생시켜서 영양을 공급하는 세포)를 필요로 한다. 이런 숙주 세포가 없다면, 바이러스는 증식하거나 질병을 일으키는 능력을 잃는다. 예를 들어 여러분이 감기에 걸렸을 때 부엌 조리대 위에 콧물이 묻은 휴지를 치우지 않고 내버려 둔다면, 휴지에 묻은 점액 속 바이러스는 몇 시간 이상 살지 못하며 증식하지도 못한다.

바이러스는 세균보다 작고 구조적으로도 훨씬 단순하다. 세

---

*세균이 20분마다 한 번씩 분열을 한다고 하면, 1시간에 3번 분열할 수 있다. 8시간이면, 8시간×3회/시간 =24회 분열이 일어난다. 이 경우 1개의 세균은 2의 24제곱 개가 된다. 2^{24}=1677만 7216이 된다.

비행기에 실려 퍼지는 세균과 바이러스

2018년에 비행기를 타고 여행한 사람은 43억 명이나 되며, 2035년에는 약 100억 명으로 불어날 것이라고 내다본다. 이 엄청난 수의 여행자들이 여행 가방과 수영복, 스노보드만 갖고 이동하지는 않는다. 세균과 바이러스도 함께 실어 나른다. 병원균(질병을 일으키는 미생물)들은 날개나 다리가 없기 때문에 혼자서는 여행할 수 없다. 그래서 마지막 목적지에 이르기 위해 히치하이킹을 해야 한다. 붐비고 환기가 잘되지 않는 비행기를 타고 오랜 시간 여행하는 승객의 몸과 짐에 올라타 이동하는 것이다.

비행기 여행을 하는 동안 사람들 사이에 밀접한 접촉이 늘어나기 때문에, 다른 사람에게 미생물을 전달할 위험도 높아진다. 여러분이 인천에서 런던으로 가는 비행기 중간 열에 앉아 12시간을 간다고 상상해 보자. 그런데 오른쪽 옆자리에 앉은 사람이 감기에 걸려 내내 기침을 하고 있다면 여러분이 감기에 걸릴 확률은 높아진다. 하지만 정말로 무서운 건 여러분 왼쪽에 앉은 사람일지도 모른다. 그 사람은 아무렇지도 않게 앉아 있지만 자기도 모르는 사이 비행기를 타기 전에 위험한 미생물에 감염되었을 수도 있다.

감염이 이뤄지고 증상이 아직 시작되기 전인 잠복기 동안에 많은 질병이 퍼진다. 다시 말해 아픈 사람이 아직 자기가 아프다는 사실을 깨닫기도 전에 병이 전파되는 셈이다. 게다가 비행기로 여행을 하다 보면 도중에 내렸다가 다른 비행기로 갈아타기도 한다. 이렇게 경유지에 들르고 다른 비행기로 바꿔 타다 보면 승객이 감염에 노출되고 병이 전파될 가능성도 더 커진다.

많은 항공사들이 팬데믹 기간 동안 승객이 코로나바이러스에 감염될 위험을 줄이기 위해 비행기의 환기 시스템을 바꿨다.

균은 성능 낮은 현미경으로도 관찰할 수 있지만, 바이러스는 고성능 전자 현미경이 있어야 된다. 바이러스는 '캡시드'라는 단백질 껍질을 가지며, 이 껍질이 한 개나 두 개의 유전 물질을 감싼다. 어떤 바이러스에는 지질(물에 녹지 않는 지방이나 기름 같은 화합물)과 표면 단백질로 구성된 외부 막이 있어서 숙주 세포에 잘 달라붙도록 돕는다. 이런 표면 단백질은 바이러스 겉에 돋은 뾰족한 돌기나 혹처럼 보이는 경우가 많다. 하지만 그것이 전부다. 바이러스는 리보솜도, 뉴클레오이드도, 플라스미드도 갖고 있지 않다.

바이러스는 단독으로 번식할 수 없고, 숙주 세포에 침입해야만 번식할 수 있다. 따라서 바이러스의 단 한 가지 목표는 숙주 세포 안에 들어가서 그 세포를 새로운 바이러스를 생산하는 공장으로 바꾸는 것이다. 바이러스는 세균보다 엄청나게 빠른 속도로 복제되는데, 그 이유는 바이러스가 세균보다 훨씬 단순한 구조로 되어 있기 때문이다. 바이러스가 살아 있는 세포를 공격해 재생산 기관을 마음대로 통제하고 새로운 바이러스를 대량으로 만들어 내는 데는 몇 시간밖에 걸리지 않는다. 그러면 바이러스의 새로운 자손들은 잽싸게 움직여 폐나 혈액, 뇌의 다른 세포들을 감염시킨다.

복제 속도가 이처럼 빠르다는 것은 바이러스가 돌연변이를 일으키는 속도도 무척 빠르다는 뜻이다. 돌연변이란 유전자를 이루는 염기 서열의 변화로 유전 정보가 변하면서 유전 형질이 달라지는 현상이다. 세균처럼 바이러스보다 고등한 생명체가 DNA와 RNA 핵산 모두를 갖는 것과는 달리 바이러스는 이들 중 한 가지 핵산만을 갖는다. DNA를 갖는 바이러스(또는 세균)에게서 돌연변이가 일어나면 세포는 보통 복제하기 전에 스스로 수리한다. 그래야 새로 만들어진 세포에 돌연변이가 옮겨지지 않기 때문이다.

하지만 RNA 한 가닥을 가지고 있는 바이러스들은 크기가

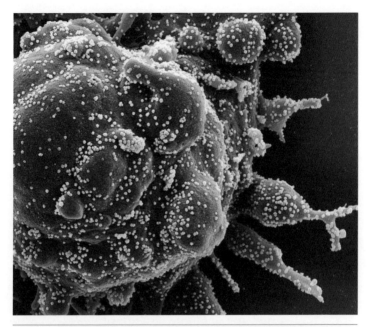

사스-코브-2(노란색)에 감염되어 죽어 가는 세포(초록색)를 보여 주는 전자 현미경 사진.

너무 작아서 그런 세포 수리 프로그램을 가질 수 없다. 그렇기 때문에 돌연변이가 RNA 바이러스를 죽이지 않았다면 그것은 다음 세대까지 전해진다. RNA 바이러스가 특히 위험한 이유는 이렇듯 통제되지 않는 돌연변이가 지속적으로 일어나기 때문이다.

〈뉴요커〉의 기사에 따르면, RNA 바이러스는 가장 빠르게 진화하는 가장 위험한 바이러스이며, 코로나바이러스도 이 가운데 하나다. 몇몇 돌연변이는 바이러스가 환경에 더 잘 적응하게 하거나, 감염된 사람들에게 좀 더 위험한 영향을 끼치게 한다.

RNA 바이러스인 독감 바이러스 역시 돌연변이를 자주 일으킨다. 그래서 과학자들은 독감을 예방하기 위해 매년 새로운 백신을 개발해야 한다.

과거와 현재의 팬데믹

팬데믹은 새롭게 나타난 현상이 아니다. 고대 기록에 따르면 과거에도 팬데믹이 여러 번 발생했다. 역사학자들은 천연두와 페스트가 일으킨 팬데믹을 '기록된 최초의 사례'라고 말한다. 천연두는 기원전 약 300년에 처음 등장한 이후로 10억 명에 이르는 목숨을 앗아 간 것으로 추산된다. 이 수치는 수세기 전에 천연두를 의학적으로 확실히 진단할 수 있게 된 다음부터 센 것이니 실제로는 더 많을 것이다.

팬데믹은 인류 역사의 흐름을 바꾸어 놓았는데, 특히 다음의 주요한 역사적 팬데믹 세 가지가 그렇다. 바로 페스트, 스페인 독감, 그리고 에이즈다.

페스트

14세기 중반에 전 세계 인구는 약 4억 5000만 명이었다. 이때 페스트가 유행해 전 세계 인구의 17% 이상(약 7650만 명)을 죽음에 이르게 했다. 1300년대 초 중앙아시아의 건조한 평원 지대에서 시작된 페스트는 실크로드를 통해 1340년대 말 유럽으로 퍼져 나갔다. 1347년부터 1351년까지 고작 4년 만에 유럽 전체 인구의 3분의 1 내지 2분의 1을 죽음으로 몰아넣었다.

페스트를 일으키는 세균은 페스트균이다. 페스트균은 벼룩의 몸속에서 사는데, 벼룩은 쥐를 비롯한 설치류에 붙어살면서 세균을 옮긴다. 이탈리아 상인들이 아시아에서 페스트균에 감염된 쥐를 배에 실은 채 돌아오면서 유럽에 병이 퍼졌다. 배가 부두에 닿자 쥐들은 배에서 항구로 들어가 그들의 몸에 기생하며 피를 빨아 먹는 쥐벼룩을 도시와 마을에 퍼뜨렸다. 벼룩은 이 지역의 쥐를 감염시켰고, 그 쥐들은 사람들과 가까이 살았다. 사람들은 벼룩에게 직접 물려 감염되기도 하고, 가까운 사람들과 접촉함으로써 병을 전파시킬 수도 있었다.

페스트는 폐와 혈액을 감염시켰지만, 가장 흔하게 감염되는 부위는 림프절이다. 몸 전체에 퍼져 있는 작은 샘인 림프절은 세균을 걸러 내며 면역계의 핵심적인 역할을 담당한다. 페스트균이 림프절을 감염시키면 림프절이 부어올라 멍울이 생기고 피부가 시커멓게 썩어 들어가며 죽는다. '흑사병Black Death'이라는 병명은 이 때문에 붙여졌다.

21세기에도 여전히 페스트는 벼룩에게서 설치류로, 설치류에게서 사람으로 퍼졌다. 최근에도 아프리카, 아시아 일부 지역에서 발생 사례가 나오고 있다. 미국에서도 해마다 보통 10명 이

하의 사람들이 페스트에 걸린다. 환자들은 대부분 야생 설치류가 서식하는 지역에 사는 사람들이다. 페스트에 감염된 사람들은 대부분 항생제 치료로 낫는다.

스페인 독감

20세기에는 스페인 독감이라는 또 다른 팬데믹이 유럽을 덮쳤다. 1918년에서 1919년 사이에 유행한 이 독감은 전 세계 인구의 약 3분의 1을 감염시켰고, 5000만~1억 명의 목숨을 앗아 갔다. 당시는 제1차 세계대전(1914~1918)이 거의 끝나 전 세계적으로 수많은 군인들이 미어터지는 기차와 배를 타고 이동하던 때였다. 독감은 이 군인들을 따라 이동했는데, 재채기와 기침을 하거나 말을 할 때 나오는 비말(작은 침방울)을 통해 공기 중으로 쉽게 전파되었다. 스페인 독감은 14세기 중반에 페스트가 유럽 전역을 휩쓸었을 때보다도 훨씬 많은 사망자를 내, 지금까지도 인류 역사상 최악의 팬데믹으로 불린다.

전쟁을 치르는 동안 프랑스·영국·미국 정부는 군인들이 병에 걸렸다는 기사가 신문에 실리지 않도록 언론을 통제했다. 그 사실이 알려지면 자국 군대가 약해졌음을 적에게 알리는 꼴이 되어 군사적 재앙으로 이어지지 않을까 두려워했기 때문이다. 그러다가 제1차 세계대전에 참전하지 않은 스페인에까지 독감이 퍼질 무렵, 기사 검열을 하지 않았던 스페인 언론에서 이 질병의

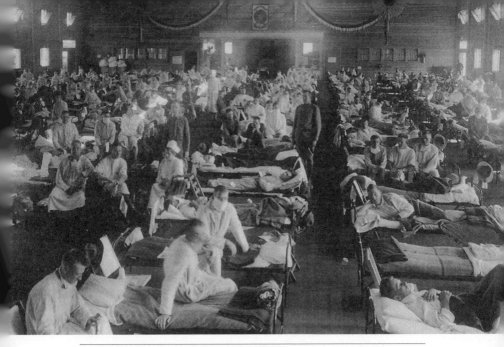

1918년 미국 캔자스주의 한 육군 병동에서 독감 환자들이 치료를 받는 모습. 팬데믹으로 번진 스페인 독감으로 당시 미국에서 60만 명 이상이 사망했다.

심각성을 사실 그대로 보도하기 시작했다. 게다가 스페인 국왕인 알폰소 13세가 독감에 걸려 심하게 앓아눕자 대대적인 보도가 이어졌다. 그렇게 해서 전 세계 사람들이 이 독감이 크게 유행한다는 사실을 처음으로 알게 되었고, 이 병의 발원지가 스페인이 아님에도 병명은 '스페인 독감'이 되었다.

과학자들은 이 독감이 어디에서 비롯되었는지 거의 한 세기 동안 밝히려 애썼다. 2014년에 출간된 〈내셔널 지오그래픽〉의 한 기사에 따르면, 스페인 독감이 중국에서 유래했음을 시사한 영국과 캐나다의 의료 기록이 있다. 1918년에 영국은 중국인 부대를 꾸려 유럽으로 보내 영국 군인들을 전쟁터에서 해방시키려 했다. 이때 기차를 타고 캐나다를 가로지르던 중국인 노동자 가운데 3000명이 병을 앓았다. 당시 중국인에게 인종 차별적인 태도를 가진 의사들은 병에 걸린 중국인 일꾼들을 그저 게으르다고만 여기고, 인후염에 쓰는 피마자유만 처방하여 그대로 돌려보냈다. 역사학자들은 이 일꾼들이 독감을 유럽에 옮겼을 것으로 보고 있다. 1918년 1월에 영국에 도착한 중국인 노동자들은 다시 프랑스로 보내졌다. 이들 가운데 수백 명이 독감으로 사망했고, 전쟁터에서 귀국한 군인들은 독감을 전 세계로 퍼뜨렸다. 이 팬데믹은 1919년, 스페인 독감에 감염된 사람들이 죽거나 바이러스에 대한 면역력이 생기고 나서야 끝이 났다.

에이즈

에이즈를 일으키는 인간 면역 결핍 바이러스HIV가 처음 발견된 것은 1980년대 초반이었다. 그 뒤로 HIV는 전 세계적으로 약 3200만 명의 목숨을 앗아 갔다. HIV는 신체의 면역계를 손상시키기 때문에 질병과 감염을 퇴치하기가 더 어려워진다. HIV가 면역계를 완전히 약화시키면 신체는 에이즈 증상을 보이기 시작한다. 유엔 산하의 WHO는 전 세계 사람들의 건강 상태를 점검하고 보호하는 역할을 한다. WHO에 따르면 2019년에만 전 세계에서 3800만 명이 에이즈에 걸렸다. 그해에 감염증이나 암처럼 에이즈와 관련된 질병으로 사망한 사람은 약 69만 명이었다. 그리고 미국 질병통제예방센터[CDC]의 보고에 따르면 120만 명의 미국인이 HIV에 감염된 채 살아가고 있으며, 이들 7명 가운데 1명은 자신이 감염된 사실을 모르고 있다.

아무리 치료법이 발전하고 있어도 이 팬데믹은 여전히 전 세계적으로 심각한 위협으로 남아 있다. 질병통제예방센터에 따르면 미국에서 HIV에 감염될 위험이 가장 높은 인구 집단은 아프리카계나 라틴계의 동성애 남성과 양성애 남성 들이다. 소수 인종 집단은 오랫동안 의료 서비스를 제대로 받지 못했고, 그 결과 여러 만성 질환이나 HIV 또는 사스-코브-2가 일으키는 감염병에 걸리기 쉬웠다.

에이즈 연구자들에 따르면 HIV는 처음 알려진 1980년대보다 훨씬 이전에 나타났다. HIV가 언제 발생했는지 추적한 결과, 과학자들은 이 치명적인 바이러스가 수십 년 동안 사하라 사막 이남 아프리카에서 돌고 있었다는 증거를 찾아냈다. 이 바이러스는 20세기 초반에 침팬지에게서 인간으로 감염되었는데, 그 장소는 카메룬으로 추정된다. 이렇게 동물에게서 인간으로 옮겨지는 병을 '인수사수 공통 감염증'이라고 한다.

에이즈는 사냥꾼이 원숭이 면역 결핍 바이러스에 감염된 침팬지를 죽이는 과정에서 바이러스에 감염되었을 것이다. 사냥꾼 몸에 작은 상처라도 있었다면 여기에 침팬지의 피가 튀어 감염이

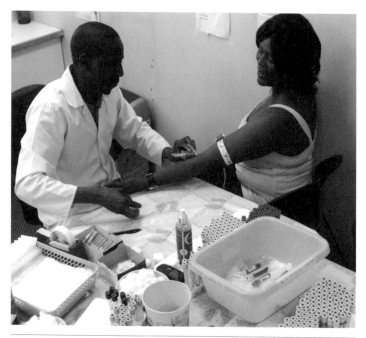

전 세계 사람들이 꾸준히 HIV에 감염되면서 의사들은 이 바이러스가 일으키는 증상을 덜어 주는 치료법을 몇 가지 개발했다. HIV는 환자의 면역계를 손상하기 때문에 정상적인 상태라면 맞서 싸웠을 여러 질병으로부터 환자의 몸을 보호하는 것이 중요하다.

일어날 수 있다. 인간과 침팬지의 DNA가 아주 비슷하기 때문에, 이 바이러스는 사냥꾼의 몸으로 옮겨 가서 적응하고 HIV가 되었을 것이다.

오늘날 몇몇 연구자들은 좋은 뜻으로 벌인 의료 보건 행위도 에이즈의 전파에 한몫을 했다고 본다. 유럽 국가들은 20세기 초에 아프리카 일부를 식민지로 삼았고, 1920년대에는 이 식민지에서 발견된 질병을 치료하는 보건 캠페인을 벌였다. 당시에는 주사기를 전부 유리로 만들었는데, 유리 주사기는 비싸고 귀했으며 소독하기 어려웠다. 그래서 의료진들은 사용한 주사기와 바늘을 버리지 않고 반복해서 사용했다. 한 의사는 2년 동안 소독도 하지 않은 6개의 주사기로 5000명도 넘는 사람들에게 주사를 놓았으며, 그 과정에서 많은 사람들이 HIV에 감염되었을 것이다.

비록 당시에 바로 확인되지는 않았지만, 에이즈가 미국에 처음 등장한 시기는 1970년대 후반이었다. 로스앤젤레스, 샌프란시스코, 뉴욕의 동성애 남성들이 처음으로 HIV에 감염되었기 때문에 어떤 사람들은 에이즈를 '동성애자 병'이라고 불렀다. 그 뒤로 오랜 기간 동안 미국 정부와 미국인 대부분에게 동성애 공포증이 널리 퍼져 있는 바람에 에이즈를 확진하고 치료하는 과정이 늦춰졌다. 그러다가 나중에 나온 연구 결과에 따라 이성애자들도 HIV에 감염된다는 사실이 드러났다. 이 바이러스는 아프리카에서 유행하기 시작해 오랫동안 성별이나 성적 지향성과 상관없이 사람들을 감염시켰다. 아프리카뿐만 아니라 미국에서도 이 병은 모든 사람에게 위험을 불러일으켰다.

그 뒤로 에이즈는 전 세계 모든 지역으로 계속 전파되었다. 하지만 21세기 들어서는 새로운 감염 사례의 3분의 2가 사하라 사막 이남 아프리카에서 나오고 있다. 전문가들에 따르면 가난, 전쟁, 부적절한 의료 행위, 유동성 높은 노동력, 일부다처제 같은

감염병의 심각성에 따른 네 가지 단계

감염병을 연구하는 과학자들은 어떤 시기에 발생한 특정 질병의 심각한 정도를 다음 네 가지 방식으로 나타낸다.

집단 발병 - 제한된 한 지역에서 짧은 시간 동안 제한된 사람들에게 어떤 질병이 퍼지는 경우다. 예컨대 2003년에 미국에서 천연두와 먼 친척인 원숭이 두창이 처음으로 나타났다. 병이 퍼지고 2개월 동안 미국 중서부의 6개 주에서 47명이 이 질병에 걸렸다.

풍토병 - 어떤 지역의 특수한 기후나 토질로 인하여 발생하는 질병으로, 그 지역에 사는 주민들에게 지속적으로 발생한다. 예컨대 말라리아는 콩고민주공화국, 나이지리아, 우간다 같은 아프리카의 여러 국가에서 발생하는 풍토병이다.

에피데믹(감염병 유행) - 한 국가나 한 대륙의 여러 지역에 걸쳐 동시에 수많은 사람들이 걸리는 질병을 가리킨다. 과학자들은 2014~2015년에 발생한 에볼라를 에피데믹으로 분류했다. 이 병이 아프리카 서부의 3개국에 걸쳐 수많은 사람들을 감염시켰기 때문이다.

팬데믹(감염병 세계적 유행) - 한 대륙을 넘어 전 세계 여러 곳에서 동시에 많은 사람에게 발생하는 병이다. 예를 들어 1918~1919년 전 세계에 걸쳐 수백만 명을 감염시켰던 스페인 독감을 팬데믹이라 할 수 있다.

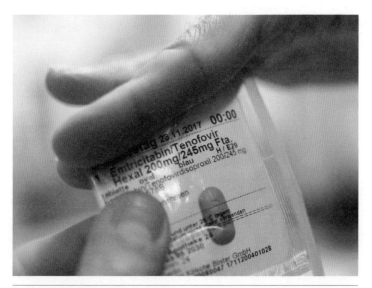

'프렙'은 사람들이 HIV에 노출되기 전에 바이러스에 감염되지 않도록 미리 예방하는 요법을 말한다. HIV에 노출되기 쉬운 사람들은 매일 HIV 예방약을 복용해야 한다.

여러 요인이 복합적으로 작용하기 때문에 이 지역에서 에이즈의 확산을 통제하기가 어렵다.

에이즈가 전 세계를 휩쓰는 팬데믹으로 발전한 초기에는 당시 있던 약으로 환자들을 치료할 수 없었다. 하지만 과학자들은 수십 년에 걸쳐 에이즈를 효과적으로 치료할 수 있는 약을 개발했다. 그 약들은 환자의 면역계를 보호하는 데 도움을 주어 HIV에 감염된 사람들이 거의 정상적인 삶을 살 수 있도록 해 준다. 어떤 경우에는 약 효과가 아주 좋아서 환자의 몸에서 바이러스가 검출되지 않고, 다른 사람에게 병을 전염시키지 않을 수도 있다.

2012년에 미국 식품의약국FDA은 '노출 전 예방법PrEP'을 위한 약을 승인했다. 두 종류의 약으로 구성된 이 약제를 매일 복용하면 아직 에이즈에 걸리지 않았지만 위험성이 높은 사람들이 HIV에 감염되지 않도록 예방할 수 있다.

2019년까지도 과학자들은 다음번에는 무엇이 팬데믹을 일으킬지 알 수 없었다. 현재 세상에 나와 있는 모든 약에 저항성을 보이는 새로운 세균이 팬데믹을 일으킬까? 아니면 사람들이 전혀 면역성을 갖고 있지 않은, 돌연변이를 일으킨 바이러스가 팬데믹을 초래할까? 이러한 질문에 답하는 과정에서 코로나19가 발생하자 과학자들은 이미 알고 있던 사실을 다시 확인했다. 사람들의 활동이 질병을 널리 퍼뜨리는 데 한몫한다는 점이다. 나날이 늘어나는 비행기 여행, 기후 변화, 동물 서식지의 파괴, 항생제 남용 같은 요인들과 인구 증가 등은 모두 최근에 인수 공통 감염증이 늘어나는 데 영향을 끼쳤다.

3장

코로나바이러스란
무엇일까?

우리는 감염병이 전 세계적으로 유행하는 팬데믹을 마주하게 될 가능성이 높다. 코로나바이러스 억제에 실패해 팬데믹이 발생하면 1년 안에 전 세계 인구의 40~70%가 감염될지도 모른다.

-마크 립시치(Marc Lipsitch), 미국 하버드대학교 보건대학원 감염의학과 교수, 2020년

코로나바이러스는 코로나바이러스과에 속하는 RNA 바이러스들을 모두 일컫는 명칭이며, 바이러스 표면에 있는 돌기가 왕관 모양이라서 스페인어로 왕관을 뜻하는 '코로나'라는 이름이 붙었다. RNA 바이러스이기 때문에 DNA 바이러스보다 더 자주 돌연변이를 일으킬 가능성이 높다. 코로나바이러스는 사람과 조류를 비롯해 돼지와 낙타, 박쥐 같은 동물 사이에서 전파되며 가끔은 심각한 질병을 일으킨다.

1996년에 나온 한 의학 서적은 코로나바이러스를 다룬 장에서 "인간의 경우에는 코로나바이러스가 가벼운 상기도염, 다시 말해 평범한 감기를 일으킨다는 사실만이 입증되었을 뿐"이라고 설명한다. 겨울철이 되면 코로나바이러스는 지역 사회를 한 차례 돌면서 5명 중 1명에게 감기를 일으킨다. 그리고 이 책에 따르면 "이 바이러스에 대한 면역은 지속되지 않아서 감염자들은 1년 안에 다시 감염될 수도 있다." 25년 전에 쓰여진 이 의학 서적은 과학자들이 오늘날 코로나19가 팬데믹을 일으키는 상황에서 새삼 확인하고 있는 사실을 이미 서술해 놓았다. 이 말은 백신이 개발된 다음에도 재감염을 막기가 어려울 수 있다는 것이다.

　과학자들은 코로나바이러스에 관한 책을 다시 써야 했다. 사람을 감염시키는 것으로 알려진 코로나바이러스 7종 가운데 4종은 감기나 폐렴 같은 가벼운 증상만 일으킨다. 하지만 나머지 3종은 심각한 증상을 일으키는 데다 치명적인 병을 불러올 수 있다. 사람들이 불법적인 동물 거래를 하거나 야생 동물 시장, 야생 동물 서식지 파괴를 통해 다른 지역의 동물들과 접촉하는 일이 많아지면서(그리고 가끔은 박쥐를 통해 병원체에 감염되면서), 새롭게 발견된 이 코로나바이러스는 동물에게서 사람으로 옮겨 가기 시작했다. 사스-코브-1은 2002년에 나타났다가 2004년에 사라졌다. 메르스-코브MERS-CoV는 2012년에 발견되었고, 특히 사우디아라비아 같은 나라에서 가끔 일정한 지역에서 발병하고 있다. 그리고 2019년에는 사스-코브-2라는 이름이 붙여진 세 번째 신종 코로나바이러스가 출현해서 21세기의 첫 번째 팬데믹이 된 '코로나19'라는 질병을 일으켰다.

사스 SARS-CoV-1

캐나다에 사는 78세 노인 콴수이추는 자신이 2003년 2월 홍콩에서 캐나다 토론토의 집으로 돌아오면서 21세기 최초의 새로운 질병을 옮겨 왔으리라고는 꿈에도 생각하지 못했다. 비록 겉으로는 별다른 이상이 없었지만 위험한 바이러스 하나가 콴의 폐 깊숙이 숨어들었다.

콴은 남편과 함께 2주 동안 홍콩에 사는 아들을 만나고 돌아오는 길이었다. 두 사람은 토론토로 가는 비행기를 타기 전에 홍콩 메트로폴 호텔에서 묵었다. 이 호텔은 숙박비가 저렴한 편이라 관광객들이 많이 머무는 곳이었다.

토론토에 돌아온 콴은 가족들과 함께 사는 집으로 갔다. 처음에는 몸이 괜찮았으나, 곧 고열과 근육통, 기침 증세가 나타나기 시작했다. 콴의 주치의는 콴에게 쉬면서 항생제를 복용하도록 했지만 도움이 되지 않았다. 며칠 뒤 콴은 집에서 숨을 거뒀고, 의사는 심장마비가 사망 원인이라고 말했다. 그렇지만 사실 콴은 사스SARS로 사망했다. 사스는 기침과 재채기로, 그리고 오염된 물건을 만지면서 퍼지는 병이었다. 콴은 나머지 가족 가운데 다섯 명을 전염시켰는데, 아직 이 질병에 이름이 붙여지기도 전이었다.

콴이 사망한 다음 날 아들 중 한 명이 호흡 곤란을 일으켜 응급실에 실려 갔다. 병원 직원은 환자가 들이마시도록 액체 약

몇몇 나라에서는 코로나19가 유행하기 전에도 공공장소에서 마스크를 쓰는 것이 감기나 독감을 막는 데 도움이 된다고 여겨 왔다. 이제는 마스크를 잘 쓰지 않던 나라들에서조차 코로나19의 유행이 끝난 뒤에도 독감 유행 기간에는 마스크를 써야겠다고 말하는 사람들이 크게 늘었다.

물을 안개처럼 에어로졸로 바꾸는 호흡 보조기로 그를 치료했다. 아들은 약제를 들이마시고는 숨을 쉴 때마다 새로운 바이러스를 마구 내뿜었다. 그 결과 병원 관계자들과 이들을 접촉한 사람들 사이에서 128명의 사스 환자가 발생했다.

그렇지만 사스가 콴에게서 시작된 것은 아니었다. 수수께끼에 싸인 이 새로운 질병은 인구 1300만 명이 넘는 중국 도시 광저우의 야생 동물 시장에서 동물을 샀던 사람들에게서 처음 발생했다. 이 시장에는 수많은 야생 동물들이 밀집되어 있어서 사스 바이러스 같은 병원균이 동물에게서 다른 동물로, 다시 동물에게서 사람으로 쉽게 전파될 수 있었다.

2002년 11월부터 2003년 1월까지 광저우에서는 수십 명의 환자가 발생했다. 아직 이름이 알려지지 않은 새로운 질병은 두통과 고열, 심한 기침을 동반하고 폐에서 피 섞인 가래가 나오기도 했다. 심한 경우에는 폐를 손상해 몸에 산소가 충분히 전달되지 못하게 만들었다. 처음에 중국 정부는 새로운 질병이 생겼다는 사실을 알아차리지 못했다. 광저우 언론은 시민들에게 집에서 공기 중이나 손이 닿는 물건의 표면에 식초를 뿌려 바이러스를 죽이라고 권했다. 사람들은 너도나도 식초와 독감약, 항생제를 사려고 몰려들었다. 하지만 이런 예방 조치는 도움이 되지 않았다.

2003년 2월 초에 이르러 사스는 광저우에서 300명 이상에게 퍼졌고, 5명을 죽음에 이르게 했다. 마침내 2월 10일, 중국은 WHO에 새로운 질병이 발생했다고 보고했다. 광저우에서 사스 환자들을 치료했던 의사 리우지안룬劉愉倫은 가족 결혼식에 참석하기 위해 홍콩을 방문했다. 그는 콴 부부가 메트로폴 호텔에 묵었던 날, 같은 층에 투숙했다. 리우는 몸이

홍콩의 메트로폴 호텔은 2003년에 사스가 유행하면서 최초 발생 지점을 뜻하는 '그라운드 제로'라고 알려지게 되었다. 이렇듯 부정적인 측면에서 유명세를 타자 호텔 측은 이름을 메트로파크 호텔 카오룽으로 바꾸었다.

많은 연구자들은 사스 바이러스가 관박쥐로부터 비롯되었다고 생각한다.

몹시 아파서 다음 날 홍콩의 병원에 갔다. 아마도 리우가 호텔의 복도나 엘리베이터에서 기침과 재채기를 하며 밤새 콴을 비롯해 수십 명을 감염시켰을 것이다. 곧 호텔의 다른 투숙객들도 증상을 보였다. 이들을 치료했던 지역 병원의 의료진들에게서도 증상이 나타났다. 콴과 마찬가지로 이때 감염된 수많은 사람들이 홍콩에서 다른 나라로 여행을 했고, 이동 중에 다른 사람들에게 사스를 퍼뜨렸다.

2003년 3월, 당시 WHO의 사무총장이었던 그로 할렘 브룬틀란Gro Harlem Bruntland은 사스가 전 세계의 보건을 위협하고 있다고 밝혔다. 나라와 나라를 넘나드는 비행기 여행이 많아진 만큼 사스는 곧 캐나다와 중국 본토뿐 아니라 미국, 베트남, 타이완, 싱가포르, 그리고 유럽의 여러 나라로 퍼져 나갔다. 2003년 말까지 사스는 8000명 이상을 감염시켰고, 그 가운데 800여 명이 목숨을 잃었다.

과학 저널리스트이자 작가인 소니아 샤Sonia Shah는 이렇게 말했다. "리우지안룬의 몸속에 있던 사스 바이러스는 24시간 만에 5개국으로 퍼졌습니다. 결국 사스는 32개국으로 전파되었죠. 경이로운 비행기 여행 덕분에 감염된 환자 한 명이 전 세계적인 발병의 씨앗이 된 거예요."

나중에 이 바이러스가 '사스-코브-1'이라고 새로 이름 붙여지고 나서야, 과학자들은 광저우에서 병이 발생하기 몇 달 또는 몇 년 전에 관박쥐가 다른 동물들을 감염시키면서 사스가 시작되었다는 사실을 확인했다. 관박쥐를 통해 새로운 유형의 코로나바이러스가 나타났다는 증거를 찾을 수 있었다.

광저우 야생 동물 시장에서 팔리는 족제비오소리와 사향고양이는 사스 바이러스에 특히 취약한 것으로 밝혀졌다. 바이러스가 이 동물들 사이에 퍼지면서 변이를 일으켜 인간에게 쉽게 전염될 수 있게 되었다.

미국 질병통제예방센터는 2003년 7월부터 사스 환자에 대한 추적을 중단했다. 하지만 감염 사례는 여전히 이곳저곳에서 이따금 나왔다. 2004년 초에는 베이징에서 7명의 환자가 발생했다. 검사 결과 사스-코브-1은 몽구스의 먼 친척으로 줄무늬와 얼룩이 있는 작은 동물인 사향고양이의 몸에서 발견된 바이러스와 아주 비슷했다. 그래서 광둥성 보건 당국은 바이러스의 전파를 막고자 4000마리에 이르는 사향고양이를 모조리 도살하라고 지시했다.

사스-코브-1은 전염성이 강하다. 그리고 2003년 유행 기간 동안에 사스는 감염자 10명 가운데 1명을 죽음에 이르게 했다. 하지만 팬데믹으로 발전하지는 않았다. 그 이유는 무엇일까?

먼저 과학자들은 바이러스가 널리 퍼지자마자 재빨리 그것이 무엇인지를 알아냈다. 그리고 대부분의 환자들은 좋은 시설과 의료진을 갖춘 병원에서 치료를 받았다. 중국 정부는 질병의 확산을 막기 위해 학교 문을 닫았으며 수천 명을 격리했다. 전문가들은 환자들의 접촉 경로를 빠르게 추적해 그들이 감염시켰을 가능성이 있는 사람들을 찾아내 격리했다.

마지막으로, 사스 환자들은 증상이 처음 나타난 다음에야 비로소 다른 사람을 감염시키는 것으로 보였다. 그래서 환자들이 기침과 함께 바이러스를 내뿜기 시작할 때 바로 확인해 격리할 수 있었다. 이처럼 사스는 다른 질병들과는 차이점이 있었다. 예를 들면 독감에 걸린 사람들은 증상이 나타나기 전부터 다른 사람을 감염시킬 수 있다. 이들은 자기가 아프다는 사실을 깨닫기 전에 이미 하루나 그 이상의 기간 동안 바이러스를 퍼뜨린다.

메르스 MERS-CoV

2012년, 사우디아라비아의 도시 제다 외곽의 한 헛간에 있던 낙타 아홉 마리 가운데 한 마리가 병을 앓았고 콧물을 흘렸다. 낙타 주인은 낙타에게 도움이 되리라 생각하고 낙타의 콧속에 손가락을 넣어 문지르면서 콧김을 밖으로 널리 퍼뜨렸다.

그 뒤 주인도 콧물이 나고 기침을 하기 시작했다. 5일이 지나 남자는 호흡 곤란을 겪었고, 지역 병원에서는 그를 제다의 대형 병원으로 이송했다. 그러나 얼마 지나지 않아 그는 심한 호흡 곤란 증세를 보였고, 의사들은 그를 곧바로 중환자실로 옮겼다. 그는 폐렴과 신부전을 일으켰고, 병원에 입원한 지 11일 만에 사망했다. 그러나 낙타는 병에서 회복되었다.

이 남자는 메르스에 걸린 것으로 알려진 첫 번째 환자였다. 그를 치료했던 의사 가운데 한 사람인 알리 무함마드 자키^{Ali Mohamed Zaki}는 바이러스를 전문으로 공부한 의사였다. 자키는 환자의 혈액과 가래 표본을 채취한 다음 사우디아라비아 보건부에 보내 H1N1 같은 위험한 독감 바이러스인지 확인하려 했다. 하지만 가래 표본은 그 독감 바이러스에 음성 반응을 보였고, 따라서 환자는 독감에 걸린 게 아니었다. 환자가 사망한 뒤에도 자키는 계속해서 바이러스의 정체를 조사했다. 여러 번 막다른 골목에 부딪힌 끝에 자키는 그 바이러스가 코로나바이러스라는 사실을 알아냈다. 하지만 사스-코브-1은 아니었다. 그건 그 바이러스가 아직까지 발견되지 않은 새로운 인간 코로나바이러스일 수도 있다는 최초의 증거였다.

자키는 다른 실험실로 표본을 보냈고, 그곳으로부터 그 바이러스가 새로운 유형의 코로나바이러스라는 사실을 확인했다. 그로써 2012년에 처음 발견되고 나서 거의 1년 만에 그 바이러스에 새 이름이 붙여졌다. 메르스MERS 바이러스가 그것이다. 하지만 리원량이 새로운 유형의 코로나바이러스를 발견하고 나서 중국에서 겪었던 것처럼, 자키는 사우디아라비아 보건 당국으로부터 문책을 받았다. 정부는 자키에게 사직하라고 강요했고, 결국 그는 사우디아라비아를 떠났다.

과학자들은 최초의 환자를 비롯해 그 뒤로 잇달아 발병한 몇몇 환자가 낙타와 밀접하게 접촉했다는 사실을 알아냈다. 낙타의 피와 낙타 신체 조직 표본을 대상으로 한 2014년의 연구에 따르면, 메르스 바이러스는 1992년 무렵부터 돌기 시작했다. 과학자들은 메르스 바이러스가 약 20년 전 아프리카 동부의 어딘가에서 박쥐에게서 낙타로 옮겨졌을 것이라 추정했다. 낙타는 중동과 아프리카의 여러 나라에서 흔한 동물이며 운송에 활용되고 고기와 젖을 제공한다. 이 낙타들이 박쥐의 배설물에 접촉하거나, 바이러스에 감염된 박쥐가 먹은 무화과 같은 과일을 먹으면서 메르스에 걸렸을 것이다.

비록 메르스는 사스만큼 전염성이 높지는 않지만, 사스는 치

사우디아라비아 정부는 직업상 낙타와 가까이 지내는 사람들에게 마스크를 반드시 써야 하고 낙타를 만지지 말라는 방역 지침을 내놓았다. 하지만 몇몇 낙타 주인들은 이런 지침에 반대하며 낙타에게 입을 맞췄다.

명률이 9.6%인 반면 메르스는 감염자의 35%가 사망에 이른다. 메르스는 감염 사례가 주로 사우디아라비아에서 나오긴 했지만 27개국으로 퍼졌다. 메르스에 걸린 사람들에게서는 열과 기침, 호흡 곤란 같은 증상이 나타났다. 신부전을 보이는 사례도 있었다. 하지만 어떤 사람은 증상이 없거나 가벼운 감기 정도의 증상을 보였다. 당뇨병이나 심장병 같은 질환을 갖고 있는 사람들은 젊고 건강한 사람들에 비해 메르스로 사망할 확률이 더 높았다.

서아시아에서는 메르스의 발병 사례가 여기저기서 여전히 이어지고 있다.

바이러스학자들은 사스-코브-2가 메르스-코브나 사스-코브-1과는 다른 몇 가지 우려되는 특징을 가진다고 말한다. 먼저, 사스-코브-2는 매우 쉽게 퍼진다. 감염자와 대화하면서 나오는 작은 침방울을 들이마시기만 해도 전염된다.

둘째로, 사스-코브-2는 꽤 빠르게 퍼지지만 지나치게 빨리 전파되지는 않는다. 감염자들을 곧바로 죽음에 이르게 하는 바이러스는 감염시킬 만한 사람들이 없어지면 빠르게 자취를 감춘다. 그에 비해 사스-코브-2는 감염자들 가운데 너무 많은 사람을 죽이지 않으면서, 그 과정에서 꾸준히 새로운 사람들을 감염시키기에 적당한 속도로 움직인다.

셋째로, 사스-코브-2는 감염자들이 증상을 보이기도 전에, 심지어 전혀 증상이 없어도 전파될 수 있다. 그러다가 사스-코브-2가 심각한 증상을 일으키면 의료진은 몇 주 동안 환자를 집중적으로 치료해야 하는데, 그 상황에서 의료 시스템이 환자들을 감당하지 못할 우려가 있다. NPR 방송에 따르면, 전 세계는 그동안 이처럼 위험한 코로나바이러스가 일으킨 팬데믹을 겪은 적이 없었다.

바이러스학자들은 이런 여러 가지 특징이 하나의 바이러스 안에서 합쳐질 때 최악의 상황을 일으킬 수도 있다고 말한다.

코로나바이러스 감염병과 독감

이름	확인 연도	전 세계적 감염자 수	사망자 수	치명률 (%)	발병 국가 수
사스	2002	8,096명	774명	9.6	29
메르스	2012	2,442명	858명	35	27
코로나19*	2019	124,955,308명	2,746,397명	2.2	전 세계
스페인 독감	1918	약 5억 명	1,800만~ 5,000만 명	20	전 세계
계절성 독감**	매년	심각한 증상은 500만 건이며 최대 총 10억 명	29만~ 64만 6,000명	0.1	전 세계

*2021년 3월 자료

**전 세계적인 추정치

출처: 〈사스 기본 자료집〉(미국 질병통제예방센터, 2017년), 〈메르스-코브(중동 호흡기 증후군) 바이러스〉(WHO, 2021년 3월 접속), 존스홉킨스대학교 코로나바이러스 자료 센터(2021년 3월 접속), 〈독감: 우리는 준비되었는가?〉(WHO, 2021년 3월 접속), 〈독감(계절성)〉(WHO, 2018년 11월 6일)

4장

새로운 바이러스가
전 세계로 퍼지다

우리는 코로나바이러스로 일어난 팬데믹을 처음 겪어서 이 바이러스가 어떤 사태를 불러올지 확실히 알지 못했다. 이제는 일종의 초대형 산불이라는 사실을 알지만 말이다.

－마이클 오스터홈(Michael Osterholm), 미국 미네소타대학교 감염병연구정책센터 소장,

2020년

박쥐는 사람을 감염시킬 수 있는 바이러스를 60종류도 넘게 가지고 있다. 사람들이 숲을 벌채하고, 거기에 농작물을 심고 집을 짓는 과정에서 박쥐들의 서식지를 파괴하면 이 바이러스가 박쥐에게서 인간 집단으로 퍼질 수 있다. 박쥐가 동물을 감염시켰을 때 사스-코브-1과 메르스-코브가 사람들에게 퍼졌다. 그 동물은 아마 사스-코브-1의 경우는 사향고양이고, 메르스-코브의 경우는 낙타일 것이다. 과학자들은 관박쥐가 중국 우한 지역에 사는 천산갑이라는 동물을 감염시키면서 사람들에게 사스-코브-2를 퍼뜨렸을 것이라 추정한다. 사람들이 천산갑과 가까이 접촉했을 때 이 새로운 코로나바이러스에 감염되었을 것이다. 그리고 일단 사스-코브-2가 사람에게 전파되자 중국을 떠나 전 세계로 퍼지는 데는 그리 오랜 시간이 걸리지 않았다.

최초 감염자는 누구일까?

새로운 질병이 발생하면, 과학자들은 그 질병이 어디에서 왔는지 알아내고자 최초 감염자를 찾으려 노력한다. 코로나19의 경우, 중국 과학자들은 2019년 11월 17일에 병에 걸린 55세 중국인 남성이 최초 감염자였을 것이라 추측한다. 당시에는 사스-코브-2라는 바이러스가 확인되지 않았지만 나중에 혈액 검사를 한 결과 이 남성은 새로운 바이러스에 감염되어 있었다. 2019년 12월 말까지 이 바이러스는 중국에서 약 180명을 감염시켰다. 그리고 2020년 1월 13일에는 중국을 여행했던 한 여성을 통해 타이에서도 코로나19 환자가 발생했다. 중국 밖에서 발병한 최초의 사례였다. 뒤이어 1월 20일, 미국 워싱턴주에 사는 한 남성이 중국 우한의 친척 집을 방문했다가 귀국하면서 미국 최초의 감염자가 되었다.

어쩌면 이 바이러스는 중국에서 11월 17일 이전, 태국에서 1월 13일 이전, 미국에서 1월 20일 이전에 이미 사람들에게 퍼졌을지도 모른다. 의사들은 그저 단순한 폐렴이라고 여겼을 것이다. 의사들이 처음부터 환자가 새로운 질병에 걸렸다고 의심하거나 이상 증상을 보고할 이유는 없었다. 하지만 얼마 안 있어 전 세계는 무언가 단단히 잘못되었다는 사실을 깨달았다.

코로나19를 대하는 태도

미국에서 코로나19 첫 환자는 2020년 1월에 워싱턴주에서 발생했다. 그즈음 중국 우한으로 여행을 갔던 사람이었다. 3월 1일, 바이러스는 뉴욕에 상륙했다. 하지만 과학자들에 따르면 이 바이러스는 그 몇 주 전부터 뉴욕에 퍼지기 시작했으며, 유럽에서 옮겨왔다. 2월 1일부터 3월 17일 사이에 1만여 편의 비행기에 탑승한 약 100만 명의 승객들이 바이러스가 이미 널리 퍼진 유럽 국가에서 출발해 미국 공항에 도착했다.

그렇지만 미국 정부는 새로운 바이러스가 발생한 원인을 중국 탓으로 돌렸고, 중국에서 오는 항공기는 금지했지만 유럽에서 오는 항공기는 금지하지 않았다. 이런 결정은 인종 차별적인 믿음에 바탕을 두고 있었다. 트럼프 대통령은 이 바이러스를 미국에 퍼뜨린 원천이 중국이라고 계속해서 비난했다. 하지만 연구에 따르면 유럽의 미국행 항공기 운항을 금지하지 못했던 것이 바이러스가 빠르게 확산되는 요인이었을 가능성이 높다.

뉴욕대학교 랭곤 헬스의 게놈기술센터 소장인 아드리아나 헤가이[Adriana Heguy]는 여기에 대해 이렇게 말했다. "우리는 미국의 전파 사례가 유럽의 변종에서 비롯되었다는 사실을 확실히 압니다. 첫 번째 사례에서 이미 지역 사회에 병이 넓게 퍼졌다는 사실은 코로나19가 한동안 계속 퍼져 있었지만 당시에는 검사를 하지 않았기 때문에 발견되지 않았을 뿐임을 암시합니다."

코로나19는 유럽을 강타했다. 2020년 3월 말까지 코로나19는 이탈리아에서만 매일 900명 이상의 목숨을 빼앗았다. 유럽의

박쥐는 억울하다

박쥐를 잡아 없애 버리면 감염병 문제를 해결할 수 있지 않겠느냐고 말하는 사람들도 있다. 박쥐는 동물에게 질병을 옮긴 다음, 그 병이 동물에게서 사람으로까지 전파되게 한다. 이런 질병에는 에볼라 출혈열, 사스, 메르스, 코로나19가 있다.

하지만 박쥐는 사람들에게 해로운 점보다 이로운 점이 훨씬 많다. 박쥐는 먹이 사슬에서 중요한 역할을 한다. 곤충을 먹는 박쥐는 한 시간에 1200마리의 모기를 잡아 먹어 치운다. 매일 밤 자기 몸무게와 맞먹는 양의 곤충을 먹는 셈이다. 또한 박쥐는 벌처럼 꽃을 찾아다니며 꽃꿀과 꽃가루를 먹는 과정에서 수많은 과일과 농작물의 수분(가루받이)을 돕는다. 과일박쥐는 열대 우림의 정원사이기도 하다. 배설물을 통해 무화과, 야자, 카카오의 씨앗을 퍼뜨리기 때문이다. 박쥐가 수분을 돕는 식물이 500종도 넘는다니, 세상에는 박쥐가 아예 없는 것보다 있는 것이 더 낫다.

2020년 팬데믹 연대표

코로나19가 전 세계적으로 유행한 첫 12개월을 정리한 일지로, 다음은 주요 사건들 가운데 일부다.

1월 9일   세계보건기구(WHO)는 중국 우한에서 신종 코로나바이러스 폐렴이 발생했다고 발표했다.

1월 13일   타이에서 첫 신종 코로나바이러스 환자를 확인했다.

1월 16일   일본에서 첫 신종 코로나바이러스 환자를 확인했다.

1월 20일   한국에서 첫 신종 코로나바이러스 환자를 확인했다.

1월 20일   미국에서 첫 신종 코로나바이러스 환자를 확인했다.

1월 29일   중국 이외의 지역 15개국에서 68명이 확진되었다.

1월 31일   WHO가 전 세계적인 공중 보건 비상사태를 선포했다.

2월 2일   전 세계 항공 여행이 제한되었다.

2월 3일   미국이 공중 보건 비상사태를 선포했다.

2월 10일   중국에서 코로나19 사망자 수가 사스 사망자 수를 넘어섰다.

3월 1일   WHO에서 코로나19를 팬데믹으로 선언했다.

5월 28일   미국의 사망자 수가 10만 명을 넘어섰다.

6월 27일   세계 누적 확진자 수가 1000만 명을 넘어섰다.

7월 7일   미국에서 확진자 수가 300만 명 발생했다고 보고했다.

7월 27일   미국 의회가 국민을 경제적으로 지원할 경기 부양책을 시행하기로 결정했다.

8월 10일   세계 누적 확진자 수가 2000만 명을 넘어섰다.

8월 17일   미국에서 코로나19로 인한 사망자 수가 하루 1000명을 넘어서며 코로나19가 미국인의 사망 원인 가운데 3위를 차지했다.

9월 18일   세계 누적 확진자 수가 3000만 명을 넘어섰다.

9월 23일   전염성이 더 높은 코로나19 변종이 발견되었다.

10월 19일   세계 누적 확진자 수가 4000만 명을 넘어섰고, 사망자가 110만 명에 도달했다.

11월 10일   세계 누적 확진자 수가 5000만 명을 넘어섰다.

11월 16일   미국 제약 회사 모더나가 자사의 백신이 94.5%의 효능을 보인다고 밝혔다. 이틀 뒤 화이자-바이오엔테크는 95%의 효능을 갖는 백신을 개발했다고 발표했다.

11월 26일   세계 누적 확진자 수가 6000만 명을 넘어섰다.

12월 10일   미국 식품의약국(FDA)에서 화이자-바이오엔테크의 백신을 승인했다.

12월 11일   세계 누적 확진자 수가 7000만 명을 넘어섰다.

12월 17일   FDA에서 모더나의 백신을 승인했다.

12월 26일   세계 누적 확진자 수가 8000만 명을 넘어섰다.

12월 31일   미국 질병통제예방센터에서 미국인 280만 명이 코로나19 백신 1차 접종을 받았다고 보고했다.

덴마크에서는 모피 농장의 밍크에게서 코로나바이러스의 새로운 균주가 검출되었다. 덴마크 정부는 이 변종 바이러스로부터 사람들을 보호하기 위해 수백만 마리에 이르는 밍크를 도살하라고 명령했다.

지도자들은 코로나19에 맞서 강력한 국가적 대응을 펼쳤다. 나라 전체가 여행을 금지했고, 주민들은 자기 집에만 머물러야 했으며, 회사들도 문을 닫았다.

코로나19는 처음에 이탈리아를 강타했지만 그해 7월에는 이 탈리아의 발병률이 유럽에서 가장 낮은 수준으로 떨어졌다. 미국의 일간지 〈뉴욕 타임스〉에 따르면 이탈리아 정부를 올바른 방향으로 이끈 것은 과학 지식이었다. 주세페 콘테Giuseppe Conte 총리는 몇 달 동안 이탈리아 전체를 완전히 봉쇄했다. 이런 봉쇄 정책을 10월까지 연장하면서 총리는 이탈리아 국민의 건강이 최우선이라고 강조했다.

　하지만 미국 트럼프 대통령은 감염병에 대한 대응을 각 주의 주지사에게 맡겼다. 그리고 몇몇 주지사들은 시장과 지역 보건 부서에 알아서 대응하라고 맡겼다. 미국의 대응은 무질서하고 혼란스러웠으며, 과학 지식보다는 정치적 성향에 바탕을 둔 경우가 지나치게 많았다. 미국 여론 조사 기관인 퓨 리서치 센터Pew Research Center에 따르면 공화당원에 비해 훨씬 많은 민주당원이 과학자들을 신뢰하는 것으로 나타났다. 그리고 대다수의 민주당원이 의료 정책을 세우는 데 과학자들이 참여하기를 바라는 반면, 공화당원의 절반 이상은 과학자들이 정책 논쟁에 관여하지 말아야 한다고 여겼다.

　정치 성향이 보수적인 사람들은 보건 당국의 권고를 믿거나 따르지 않는 경향이 있는 것처럼 보였다. 코로나19가 그리 심각하지 않거나 일종의 음모론이라고 여기는 사람들도 있었다. 반면에 진보적인 자유주의 신념을 가진 사람들은 감염병과 관련한 과학 지식을 더 믿는 것으로 나타났다. 하지만 사스-코브-2는 정치 성향을 가리지 않았다. 3월 26일까지 1000명의 미국인이 코로나19로 목숨을 잃었다. 만약 미국 정부가 소문에 휘둘리고 혼란에 빠지기보다는 과학 지식을 믿는 강력한 지도력을 갖췄다면, 코로나19 유행이 짧아지거나 적어도 어떤 식으로든 잠잠해질 수 있었을까?

봉쇄 조치를 내리다

미국의 몇몇 주 정부는 유럽이 바이러스를 통제하는 데 효과를 본 조치들을 시행했다. 예를 들어 캘리포니아 주지사는 3월 초에 미국 최초로 자가 격리 명령을 내렸다. 그에 따라 캘리포니아에 거주하는 약 4000만 명의 주민들이 치료를 받거나, 식량을 구하러 나가거나, 아프고 나이 든 친척을 도우러 가는 것 말고는 자기 집에만 머물러야 했다. 필수 인력은 집 밖을 벗어나도 괜찮았는데 여기에는 보건 의료, 식료품점, 약국을 비롯해 사람들에게 꼭 필요한 분야의 인력이 포함되었다. 캘리포니아 시민들은 대부분이 첫 번째 봉쇄 조치에 동의했다. 곧 더 많은 주에서 캘리포니아를 따라 봉쇄 조치를 내렸다. 그 뒤로 몇 주 동안 수백만 명의 사람들이 컴퓨터와 비디오로 직장과 연락하며 집에서 일하기 시작했다.

자가 격리 조치는 미국에서 코로나가 처음 유행하던 지역 가운데 하나인 뉴욕에서 특히 효과를 거두었다. 뉴욕은 약 12주 동안 봉쇄되었다. 전문가들은 이 과정에서 뉴욕의 코로나19 발병률이 70% 감소했다고 말한다. 처음에는 미국 전체가 코로나19의 확산을 막고 통제할 수 있을 것처럼 보였다. 4월, 5월, 6월까지는 확진자 수도 안정적으로 유지되었다.

하지만 자가 격리 조치는 코로나19의 확산은 늦췄지만 미국을 비롯한 전 세계 경제를 나락에 빠뜨렸다. 미국에서만 수백만 명이 재택근무가 불가능하거나, 직장이 문을 닫거나, 고용주가 이들에게 월급을 계속 줄 여력이 없다는 이유로 일자리를 잃었다. 상품과 서비스 매출이 수십억 달러 떨어졌고, 임금과 세금이 지불되지 못했다.

그러면서 실업률과 실업 수당 청구율이 사상 최고 수준으로 올랐다. 많은 주에서 실업 수당 기간을 연장해 평소보다 오랜 기간에 걸쳐 추가로 수당을 지급했다. 의회는 개인이나 기업, 지방 정부에 자금을 지원하는 경기 부양책을 통과시켰다. 이 정책은 다음과 같은 것들을 제공했다.

- 개인 소득에 따라 1200달러 지급
- 인공호흡기를 비롯한 여러 장비에 드는 의료비 1300억 달러 지원
- 수백만 명의 근로자를 대상으로 실업 수당 기간 연장
- 주 정부와 지방 정부에 1500억 달러 지원
- 기업 대출 확대
- 소규모 사업체에 무이자 대출

그러나 이런 지원은 일부 개인과 기업을 잠시 돕기는 했지만, 다른 사람들은 거의 도움을 받지 못했다. 시간이 지날수록 집세나 주택 담보 대출 상환금을 내지 못하는 사람들이 늘어났다. 대부분의 주에서 일시적으로 퇴거 금지령을 내리면서 4000만 명

이 집에서 쫓겨나는 일은 겨우 피할 수 있었다. 하지만 전문가들의 추정에 따르면 퇴거 금지령이 해제된 이후로 43만 명 이상의 확진자와 1만 1000여 명의 사망자가 발생했다. 집을 잃은 사람들도 있었고, 가족이나 친구들과 함께 이사 간 사람들도 있었다. 실직과 퇴거는 사람들로 하여금 코로나19에 걸릴 위험성을 높였다. 사람들이 집에서 쫓겨나고 직장을 잃으면서 굶주리는 사람들도 늘어났다. 끼니를 굶는 미국인이 5000만 명에 이르는 것으로 추산되었고, 이들 4명 가운데 1명은 어린이였다. 사람들은 가족을 먹여 살리기 위해 무료로 식품을 나눠 주는 푸드 뱅크와 여러 기관에 의존해야 했다.

6월 중순이 되자 사람들은 생계 활동을 제한하는 조치에 지쳤다. 기업은 문을 다시 열게 해 달라고 요구했다. 그리고 사람들은 가고 싶은 가게에서 장을 보고, 자기가 원하는 시간과 장소에서 외식하고 싶어 했다. 재택근무를 할 수 없는 사람들은 직장에 돌아가게 해 달라고 요구했다. 그리고 직장을 잃은 사람들은 일자리를 찾아야 했다.

하지만 미국은 팬데믹에 대처할 일관된 국가 정책이 없었기 때문에 그러한 여러 요청과 압박은 각 지역의 지도자들에게 떨어

"코로나바이러스가 세계적으로 유행하면서 인류 전체가 바이러스와 맞서게 되었습니다. 보건, 경제, 개인의 행복 측면에서 이미 막대한 피해가 발생했죠. 이 사태는 세계대전과도 같습니다. 단지 우리가 모두 같은 편에 서 있을 뿐이죠."

-빌 게이츠(Bill Gates),
마이크로소프트사 공동 설립자, 2020년

2020년 5월 미국 미네소타주 미니애폴리스에서 경찰의 과잉 진압으로 흑인 남성 조지 플로이드가 사망하자 미국 전역에서 수백만 명의 시위자들이 플로이드의 죽음과 인종 차별에 항의하며 거리로 쏟아져 나왔다. 이런 대규모 시위 때문에 코로나19 확진자가 급증할 것이라 예상하는 사람들도 있었지만, 시위자들은 마스크를 착용하고 손을 소독했으며 사회적 거리두기를 실천했다. 그래서 시위가 끝난 뒤에도 확진자가 급격히 늘어나지는 않았다.

졌다. 선출직 공무원들은 시민들의 경제적 어려움을 해결하기 위해(그리고 다음번 선거에서 자리를 지키기 위해) 봉쇄를 해제하고 사업체 문을 다시 열게 해 달라는 요구에 굴복했다. 이런 상황을 보고 AP통신은 "도널드 트럼프 대통령이 경제에 다시 시동을 걸어야 한다는 주장에 휘둘리며, 민주당이 주도적으로 이끌어 가는 주들을 꼬집으면서 주지사들이 너무 느리게 대응하고 있다고 주장하는 시위자들을 선동하고 있다."라고 지적했다. 미국에서 팬데믹 기간 동안 과학 지식이 아닌 정치 논리가 정책을 좌지우지 하는 경우가 지나치게 많았다. 상점과 식당, 체육관, 미용실을 다시 여는 것은 너무 일렀다. 아직 정상으로 돌아갈 시점이 아니었다. 코로나19 2차 유행으로 확진 사례가 급증했다.

그해 여름 각 주와 도시가 규제를 완화하면서 사람들은 이전보다 자주 집 밖에 나가도 안전하다고 여겼다. 하지만 그 후 과학자들은 많은 사람들이 모이면 감염병의 '슈퍼 전파'가 일어날 수 있으며 코로나19도 그런 식으로 확산되었다는 사실을 알게 되었다. 슈퍼 전파는 코로나19가 널리 퍼지는 데 큰 역할을 했다. 예를 들어 6월에 플로리다주의 한 술집에서는 생일 파티를 하기 위해 모인 16명의 친구들이 모두 코로나19에 걸렸고, 술집 종업원 7명도 걸렸다. 이 생일 파티에 참석해 코로나19에 걸린 몇몇 사람은 뉴스 채널 CNN과의 온라인 인터뷰에서 당시 술집은 많은 사람으로 붐볐고, 마스크를 쓴 사람은 아무도 없었다고 말했다.

7월 중순 무렵 미국은 코로나19 확진자가 400만 명을 돌파하는 암울한 기록을 남겼다. 확진자가 100만 명이 되는 데 100일이 걸렸지만, 200만 명이 되는 데는 45일, 300만 명이 되는 데는 27일, 그리고 400만 명이 되는 데는 15일밖에 걸리지 않았

"환자들이 끊임없이 밀려들어요. 병상이 가득 찼고, 인공호흡기도 나눠 써야 해요. 장비나 공간은 너무 부족한데 환자들은 빠르게 늘고 있어요. 이들 가운데 얼마 안 되는 귀중한 인공호흡기를 쓸 수 있는 사람이 몇이나 되겠어요?"
-헬렌 오우양(Helen Ouyang) , 컬럼비아대학교 응급의학과 교수, 2020년

다. 코로나19 확진자가 급증했다가 감소하는 추세에 따라 식당이나 상점이 문을 열었다가 닫고, 며칠 만에 다시 문을 열기도 했다. 그리고 코로나19는 전 세계로 계속 확산되었다. 7월 27일, WHO 사무총장인 테워드로스 아드하놈 거브러여수스Tedros Adhanom Ghebreyesus는 기자 회견 자리에서 이렇게 말했다. "국제 보건 규정에 따라 전 세계 보건 비상사태가 선포된 것은 이번이 여섯 번째지만, 거듭할수록 이전보다 심각해지고 있습니다. 팬데믹은 계속해서 속도를 높여 가고 있습니다."

소수 집단에 큰 타격을 입히는 코로나19

미국 전역에서 흑인이나 라틴계 미국인들은 백인에 비해 코로나바이러스에 감염될 확률이 3배 더 높았다. 다른 보고서들에 따르면 흑인이나 아메리카 원주민, 태평양 섬 주민, 라틴계 미국인들은 백인 미국인에 비해 코로나19로 사망할 확률이 3배 더 높았고, 흑인과 라틴계 미국인들은 백인 미국인들에 비해 거의 5배 더자주 병원에 입원했다.

　　미국에서 의료 전문가들과 기관에서 역사적으로 유색 인종을 차별하고 끊임없이 과소평가하는 것은 인종 불평등의 한 단면이다. 이렇게 세대를 거듭하며 불평등이 이어지면서 흑인과 아메리카 원주민들은 만성 질환에 걸리는 비율이 높아졌다. 건강 보

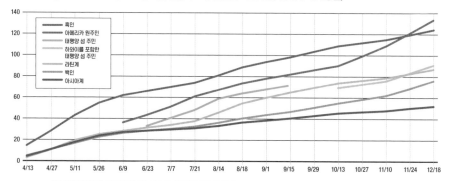

인종별 코로나19 사망률

(2020년 4월 13일 ~ 12월 8일, 인종과 소수 집단별 10만 명당 실제 누적 사망률)

범례:
- 흑인
- 아메리카 원주민
- 태평양 섬 주민
- 하와이를 포함한 태평양 섬 주민
- 라틴계
- 백인
- 아시아계

참고: 데이터 간격이 15일이었던 5/11~5/26을 제외하면 모든 데이터 간격은 14일이다. 9/1, 9/29, 10/27, 11/24에는 데이터가 없어 내삽법으로 보정되었다. 10/13 이전 태평양 섬 주민들의 데이터에는 하와이 주민들이 포함되지 않았는데, 그 시기의 데이터가 공개되지 않았기 때문이다. 이 데이터를 포함하면 태평양 섬 주민들의 사망률은 전반적으로 하락하며 10/13부터 새로운 그래프가 시작된다.

출처: APM 리서치랩

인종별 코로나19 사망률을 추적한 데이터는 인종 집단 간의 차이를 보여 준다. 흑인과 아메리카 원주민들의 코로나19 사망률이 가장 높았다. 이 수치에 따르면 인종 집단 사이의 간격은 점차 벌어지고 있다.

험이 없거나 여러 사람이 북적이는 주거 환경도 이러한 불균형을 더 심하게 만드는 요인이다. 또한 재택근무를 할 수 없는 살림 도우미나 농업, 식품 서비스업 종사자들 같은 필수 인력의 대부분을 유색 인종이 도맡고 있기 때문에 코로나19 팬데믹 기간에 더욱 어려움을 겪었다.

2020년 7월 질병통제예방센터는 소수 집단에서 코로나19에 걸릴 위험성을 높이는 요인을 다음과 같이 정리했다.

• 형사 사법, 금융, 주택, 교육 등의 분야에서 오랜 기간에 걸친

코로나19보다 빠르게 확산되는
인종 차별적인 공격

아시아계 미국인들은 코로나19로 말미암아 사람들의 증오와 비난에 맞닥뜨려야 했다. 2020년에 사스-코브-2를 '중국 바이러스', '우한 바이러스', '쿵푸 독감'이라고 고집스럽게 칭했던 미국 트럼프 대통령도 그 가운데 한 명이었다. 그런 말장난은 아시아계 시민들에게 인종 차별을 하도록 사람들을 부추겼다. 중국인에게 갖는 편견은 아시아 여러 국가들 사이의 문화 차이와 상관없이 일본인과 한국인에게도 이어지는 경우가 많았다.

중국계 미국인 저스틴 추이는 뉴욕 컬럼비아대학교에서 간호학 박사 과정을 밟는 간호사였다. 어느 날 추이가 지하철을 갈아타려고 기다리는 동안 한 남자가 다가와서 중국인들이 퍼뜨리는 것으로 추정되는 '이 모든 질병'에 대해 추이와 중국을 비난했다. 남자는 계속해서 추이에게 가까이 다가왔고, 추이는 플랫폼 가장자리로 밀려났다. 추이는 당시를 떠올리며 "그 남자가 나를 철길에 밀어 떨어뜨렸다면, 나는 다시 기어오를 수 없어서 목숨을 잃었을 거예요."라고 말했다. 지나가는 사람이 현장을 녹화하고 경찰을 부르겠다고 위협한 다음에야 그 남자는 물러섰다.

한국계 미국인 에이브러햄 최도 뉴욕에서 비슷한 경험을 했다. 뒤에서 한 남자가 기침을 하고는 그에게 침을 뱉었다. 남자는 "이 빌어먹을 중국 놈! 너희들은 모두 중국 바이러스를 갖고 있으니 다 죽어 마땅해."라고 외쳤다. 최 씨는 이 남자가 떠나기를 기다렸다가 경찰관에게 신고했다. 하지만 경찰관으로부터 침 뱉는 건 범죄가 아니며, 그러니 어떤 조처를 하기 위해 서류를 작성할 만한 일도 아니라는 말을 들었을 뿐이다.

차별을 받아 만성적인 스트레스 상태에 있다.

- 고용을 통한 보험에 등록되지 못해 보건 서비스에 대한 접근성이 떨어지고, 교통과 보육에 관련된 문제와 문화적 차이로 의료 서비스를 잘 받지 못한다.
- 코로나바이러스에 좀 더 많이 노출되는 필수 인력 직종에 고용된 비율이 높다.
- 교육과 소득 측면에서 격차가 커 취업 기회가 제한되고 임금이 낮은 일자리에 머무르게 된다.
- 여러 세대로 이루어진, 구성원이 많은 가정에서 살 가능성이 큰 만큼 교차 감염으로 이어질 확률이 높다. 이들 집단은 팬데믹 기간에 살던 집에서 쫓겨날 위험성도 높다.
- 당뇨병, 고혈압, 비만 같은 기저 질환을 가진 비율이 높아 코로나바이러스에 감염될 경우 증세가 악화될 가능성이 크다.

질병통제예방센터는 이러한 불평등을 줄이기 위해 다음과 같은 지침을 발표했다. "코로나19의 확산을 막기 위해 우리는 사람들이 각종 정보에 손쉽게 접근하고, 저렴한 비용으로 검사를 받으며, 신체적·정신적 건강을 유지하고 관리할 수 있는 보건 의료 자원을 확보하도록 협력해야 합니다. 여러 인종 집단이 더불어 살아가고, 배우고, 놀고, 일하는 사회에 맞는 프로그램을 만들어 실천해야 합니다."

바다에서 발이 묶인 호화 유람선

2020년 2월 21일, 캘리포니아주 북부에 사는 테리 슐츠는 친구들과 함께 호화 유람선인 그랜드 프린세스호에 탑승했다. 이 유람선은 샌프란시스코에서 출발해 15일 동안 하와이까지 항해하며, 중간에 잠깐 멕시코에 들를 예정이었다. 하지만 계획은 곧 어그러졌다. 3월 4일 수요일, 잠에서 깬 승객들은 문 아래에 놓인 쪽지를 발견했다. 쪽지에는 유람선이 멕시코로 가는 것이 아니라 다시 샌프란시스코로 돌아갈 것이라고 적혀 있었다. 질병통제예방센터는 이전에 그랜드 프린세스호를 탔던 승객들을 대상으로 북부 캘리포니아에서 발생한 코로나19 확진 사례 몇 건에 대해 조사하고 있었다.

당시 상황을 슐츠는 이렇게 말했다. "다음 날 점심시간에 선장이 선내 방송을 통해 우리에게 지금 어떤 일이 벌어지고 있는지 알려 주었습니다. 선장은 우리더러 점심 식사를 마치면 선실로 돌아가 추후 통보가 있을 때까지 기다려 달라고 부탁했죠." 그 무렵 그랜드 프린세스호와 같게 설계된 다이아몬드 프린세스호에 탑승한 승객들이 일본에 도착하고 나서 꽤 많이 코로나19 확진자로 판명되었다. "우리도 그 소식을 들었습니다. 모든 뉴스에서 다이아몬드 프린세스호 이야기가 나왔거든요. 우리도 얼마나 심각한 상황인지는 알고 있었지만, 지구 반대편에서 벌어지는 일이어서 여행을 취소하지는 않았죠." 슐츠의 말이다.

국제 인도주의 단체, 미국 나바호족을 돕다

국경없는의사회는 국제 민간 의료 구호 단체다. 2020년 5월, 이 단체 회원들은 북아메리카 원주민인 나바호족 자치구에 거주하는 17만 명의 주민들이 코로나바이러스와 싸우는 것을 돕고자 미국 뉴멕시코주에 도착했다. 국경없는의사회는 에볼라나 말라리아 같은 질병에 시달리는 전 세계의 가난한 나라 사람들을 도와 왔다.

그해 5월까지 나바호족 자치구의 코로나19 사망률은 미국 전체에서 가장 높았다. 나바호족 출신의 내과 의사인 미셸 톰은 이렇게 말했다. "저는 우리 언어, 문화, 사람들을 잃게 되는 게 두렵습니다. 물론 전 세계적으로 이런 일이 벌어지고 있다는 사실을 잘 알고 있죠. 이 지구상에서 내가 쓸 수 있는 시간은 한정되어 있어도, 나바호족 사람들이 계속 살아남아야 우리의 언어와 문화가 이어질 거예요. 하지만 그러지 못할까 봐 걱정입니다."

국경없는의사회의 보도 자료에 따르면, 미국 정부는 원주민들이 의료 서비스를 충분히 받을 만한 지원을 해 주지 않았다. 프로젝트 담당자인 에이미 시걸(Amy Segal)은 이렇게 말했다. "이 집단이 다른 집단에 비해 여러 가지 자원이 부족하다는 사실이 잘 알려졌으며, 그런 격차가 지속되어야 할 이유가 없습니다. 미국 정부는 나바호족 자치구의 보건 의료 시스템을 개선할 능력과 자원을 갖추고 있습니다." 의사와 간호사, 보건 관련 교육자로 구성된 의료 팀은 두 달 동안 나바호족 자치구 주민들을 돕다가 떠났다. 에이미 시걸은 다음과 같이 말했다. "우리는 이곳 사람들을 돕고자 어느 정도 노력하고 지원했습니다. 하지만 미국 정부가 공중 보건상의 불평등을 해결하고자 더욱 애쓰지 않는다면, 이 지역 사회는 바이러스의 파괴적인 위력 때문에 커다란 위험에 놓일 것입니다."

하지만 샌프란시스코에 돌아왔어도 유람선을 부두에 댈 수 없었다. "우리는 해안에서 1.6킬로미터 떨어진 곳에 머물러야 했죠. 정부 당국에서 우리가 여기 머무는 게 좋겠다고 했거든요. 우리에게 무슨 일이 기다리고 있을지 전혀 알 수 없어서 불안했죠." 슐츠가 말했다. 그러는 동안 캘리포니아주 방위군이 헬리콥터로 코로나바이러스 검사 키트를 배에 가져왔다. 검사 결과 승무원 19명과 승객 2명이 코로나19 양성 반응을 보였다. 보건 당국은 그랜드 프린세스호가 샌프란시스코에 정박하는 것을 허락하지 않았으며, 그 대신 오클랜드의 무역용 부두로 배를 보냈다. 승객과 승무원을 포함해 3000명 이상이 격리될 예정이었다. 승객은 육상에, 선원들은 해상에 머무르기로 했다. 승객들 가운데 일부는 페어필드에 있는 트래비스 공군 기지로, 일부는 캘리포니아 남부의 군 기지로 버스를 태워 보냈다. 트래비스로 보내진 승객들은 14일 동안 격리되었다.

슐츠는 이렇게 말했다. "담당자들이 체온을 재기 위해 하루에 두 번 우리 방에 왔습니다. 식사는 잘 나왔고, 우리는 신선한 공기를 마시며 산책을 하러 밖에 나갈 수 있었습니다. 호텔 주변이 철조망으로 둘러싸였고 건너편에 경비원들이 있었지만요. 크게 불쾌하진 않았어요. 그랜드 프린세스호의 선원들, 트래비스 기지의 직원들, 질병통제예방센터 직원들이 우리를 정중하게 대해 주었죠. 그들은 우리를 무척 잘 보살폈습니다. 우리는 다 합쳐서 32일 동안 집을 떠나 있었어요. 유람선에서 18일, 트래비스 기지에서 14일을 머물렀죠."

2020년 5월까지 몇몇 국가에서 미국으로 온 40여 척의 유람선에서 코로나바이러스 감염 사례가 보고되었다. 그에 따라 승객 수천 명이 상륙이 늦춰지거나 격리 대상이 되었다. 그리고 수천 명의 선원은 배에서 내리지 못하고 남아 있어야 했다. 본국에서 이들을 받아들이지 않으려 하는 일이 가끔 벌어졌고, 국경이 폐쇄되거나 비행기 편이 취소되기도 했다. 질병통제예방센터의 규정에 따르면 승무원과 선원들은 배에서 내려 일반 호텔에 묵을 수 없었다. 그리고 이들을 유람선에 태워 각자의 집으로 데려다주기에는 비용이 너무 많이 들었다. 결국 바이러스 때문에 수많은 사람들이 바다에 인질로 잡혀 있었다.

5장

학교가 문을 닫다

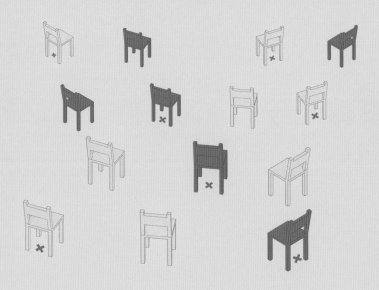

학교 교육이 주는 여러 혜택은 값을 매길 수 없을 만큼 크다. 학생들이 서로 친구가 되고, 인내심을 기르며, 타인을 신뢰하는 법을 배우고, 목표 지향적인 사람으로 거듭나는 공간이 바로 학교다. 그뿐 아니라 소중한 사회적 의사소통 기술을 쌓기도 한다. 학교에서 이루어지는 사회적·정서적 학습은 한 개인의 발전을 위해 매우 중요하다.

-폴 E. 피터슨(Paul E. Peterson), 하버드대학교 교육 정책 프로그램 담당자, 2020년

미국 전역에 걸친 봉쇄는 모든 사람에게 영향을 미쳤다. 어린이, 청소년, 젊은이 모두 예외가 아니었다. 대부분은 2020년 봄에 얼마간 학교에 다니다가 이후로는 갈 수 없었다. 이어 여름에서 가을로 계절이 바뀌면서, 대부분의 학교는 적어도 2020년에서 2021년의 일부 기간은 온라인 학습이나 원격 학습을 계속하기로 결정했다. 많은 교사와 학교 관계자, 학부모 들은 팬데믹 기간에 학생들이 등교하면 안전하지 못할 것이라고 우려했다. 전문가들은 학교에서 교사에게 직접 배우는 학습에 비해 원격 학습이 얼마나 효과적인지를 두고 줄곧 의견 일치를 보지 못하고 있었다. 하지만 10대들은 이 문제에 대해 할 말이 많았다.

코로나19 팬데믹 초기에는 어느 거리에서나 텅 빈 모습을 흔히 볼 수 있었다.

집에 머무는 아이들

2020년 5월에 열네 살의 샬럿 벤틀리는 이렇게 말했다. "항상 집에 있다 보면 가장 힘든 점은 쉽게 지루해진다는 거예요. 그동안 학교생활로 바쁘게 지냈지만 지금은 온라인으로 수업을 들으면서 저만의 속도에 맞춰 공부하죠. 끝나면 잠시 스마트폰을 들여다보지만 그마저도 이제 재미가 없어요." 샬럿은 특히 수학이 어렵다고 걱정한다. "유튜브 영상으로 수학을 공부하는 건 선생님에게 직접 배우는 것보다 훨씬 어려워요. 지금도 수학 때문에 골머리를 앓고 있으니, 다음 학기에 다시 학교에 나가게 되면 수학을 배우기가 더 힘들 것 같아요." 당시에는 몰랐지만 샬럿은 그

다음 학기에도 온라인으로 수업을 들어야 했다.

샬럿은 친구들이 그리웠지만, 그래도 자매가 있어서 다행이었다. "정부가 모든 문제가 해결되었다고 발표하고 다시 외출할 수 있게 된다면, 가장 먼저 하고 싶은 일은 새 옷을 사러 가거나 가장 친한 친구들과 맛난 걸 사 먹으러 가는 거예요. 집에서 온라인 수업을 하면서 지내는 동안 이야기 나눌 형제자매가 없는 아이들이나 친구가 꼭 필요한 저 같은 10대 청소년들이 안쓰러워요. 저에게는 자매가 둘이나 있어서 그런대로 즐거워요! 매일 수영도 하고 틱톡 영상을 찍으며 놀죠."

열네 살의 에이든 커크먼은 원격 학습의 긍정적인 면과 부정적인 면을 다음과 같이 말했다.

66

팬데믹을 겪으면서 집에만 머무르다 보면 가장 힘든 건 가족들과 내내 함께 지내는 거예요. 가족들은 서로의 신경을 건드리고, 거의 날마다 말다툼을 하죠. 간식 같은 사소한 문제로 다툼이 벌어지기도 해요. 여동생과 내가 같은 것을 먹고 싶어 하다가 어느 순간 싸우게 되죠.

하지만 계속 집에 있으면서 느끼는 가장 좋은 점 역시 가족과 함께 있다는 거예요. 놀라운 사실이지만요. 비록 많이 싸우지만, 다투지 않을 때면 유대감을 갖게 되고 서로 좀 더 가까워질 수 있는 시간도 많죠. 주말에는 함께 산에 가고, 평일에는 집 근처 공원을 산책하거나 자전거를 타면서 운동을 해요.

학교가 문을 닫던 날, 나는 육상 경기 대회를 치르고 있었어요. 신입생으로서 처음 학교 육상 대표가 되어 나간 대회였죠. 남은 대회가 제대로 열리지 않으리라는 사실을 알고 정말 가슴이 아팠어요. 지난 몇 달 동안 내가 경험할 수 있었던 학교생활의 여러 가지를 놓치게 되어 아쉬워요. 육상 경기에 처음부터 끝까지 참가한다든지, 친구들과 점심을 같이 먹는다든지 하는 것들 말이에요. 나는 팬데믹 기간에 무슨 일이 벌어졌는지 기억하려고 일기를 쓰기로 했어요. 평소에는 일기를 쓰지 않았지만, 그래도 내가 역사적인 사건의 한복판에 살고 있다고 생각하니 나중에 다시 되새기고 싶더라고요.

코로나19 팬데믹이 끝나면 저는 친구들과 뭐라도 함께 할 거예요. 내가 억지로 함께 해야 하는 사람들이 아니라 함께 지내고 싶은 사람들과 재미있게 보내고 싶어요. 제 인생에서 아주 중요한 부분을 차지하는 친구들을 너무 갑작스럽게 빼앗기고 말았죠. 그래도 온라인으로 수업을 받다 보니 다른 요인에 방해받지 않고 내 속도대로 움직일 수 있게 되었어요. 그러면 필요한 공부를 하는 데 걸리는 시간이 좀 더 짧아져서 오후에 공부가 끝나면 더 많은 자유 시간을 가질 수 있죠.

99

원격 학습은 학생들뿐만 아니라 교사들에게도 영향을 미쳤다. 교사 에이미 제이컵슨은 이렇게 말했다. "이것은 결코 정상적인 교육이 아닙니다. 우리는 교육 과정에 대해 잘 알고 이미 연구를 마쳤죠. 이런 교육 과정은 학생들에게 정보를 제시하고 이해하도록 하는 수단일 뿐입니다." 제이컵슨은 학생들과의 관계를 그리워했다. "교실에서는 아이들이 어떤 상태인지 관찰하고 알수 있어요. 화면을 통해서는 그렇게 할 수 없죠. 원격 학습은 이상적인 교육이 아니에요. 지속 가능하지도 않죠."

집에서 출석하는 대학 강의

대학교에 첫발을 내디딘 신입생들은 특히 불리했다. 고등학교의 막바지 학년을 놓치는 것도 힘든 일이었지만, 대학교에 입학할 준비를 할 수 없다는 것은 정말로 큰일이었다. 집과 가족을 떠나 대학 기숙사로 옮겨 새로운 생활을 시작하는 것은 수많은 10대 후반의 청소년들이 성장하는 데 큰 부분을 차지한다.

2020년 봄, 열일곱 살의 미아 하튼은 고등학교 졸업반이 되기 전에 학교에 나갈 수 없게 되었다. 그 바람에 졸업반 학생들끼리 여는 바비큐나 축제를 비롯한 여러 활동을 놓치고 말았고, 봄에 열리는 체육 대회도 참가할 수 없었다. 게다가 미아는 대학 학비를 벌기 위해 구해 놓았던 여름철 아르바이트 자리도 잃었다.

미국 전역에서 학생들은 화상 회의 소프트웨어를 이용해 집에서 학교 수업을 들어야 했다.

그래도 미아는 스스로 운이 좋다는 사실을 안다. 미아는 이렇게 말했다. "가족이나 친구들 가운데 코로나바이러스에 감염된 사람은 한 명도 없어요. 대학에 가기 전에 가족들과 함께 시간을 보낼 수 있어서 행복해요. 이 경험은 우리를 더욱 가깝게 해 주었죠. 이제 저는 우리에게 당연하게 주어진 건 아무것도 없다는 사실을 알게 되었어요."

하지만 팬데믹의 영향은 여기서 끝나지 않았다. 미아는 2020년 가을에 미국 펜실베이니아주 필라델피아에 있는 템플대학교에 입학할 계획이었지만, 템플대학교에 입학 허가를 받은 학생들 모임에 참가할 수 없었고, 신입생 오리엔테이션도 온라인으로 해야 했다. 미아는 8월에 기숙사로 들어갔지만 일주일 뒤에 대학 측은 모든 수업이 온라인으로 진행될 예정이라고 했다. 그리고 며칠 뒤 대학 관계자들은 학생들에게 집으로 돌아가 온라인 수업을 들으라고 했다. "다른 대학교에서 확진자 수가 매일 두 배씩 늘어나는 걸 지켜봤죠. 양성 반응을 보인 학생들이 증가했을 때 주변 대학에서 어떻게 반응했는지 보면, 우리 학교가 그렇게 빨리 강의를 온라인으로 바꾼 것도 놀라운 일이 아니었어요." 미아가 말했다.

원격 학습은 모든 교사들에게 영향을 미쳤다. 캘리포니아주립대학에서 아동 청소년 발달에 대해 가르치는 조교수이자 작가인 자나이 브라운우드JaNay Brown-Wood는 이렇게 말한다. "학생들이 마감일을 지킨다면, 유연한 온라인 수업은 학생들 스스로 적당하다고 생각하는 대로 수업을 시작하고 공부를 마칠 수 있게 해 줍니다. 다만 화면을 보는 시간이 길어지고 오랜 시간 기기를 작동할 때 생기는 피로감이 단점이죠. 저는 이런 상황이 학생들의 시력과 자세, 신체 활동, 정신 건강에 미치는 영향이 걱정됩니다. 게다가 교실에서 때때로 일어나는 역동적인 상호 작용과 대화가 원격 학습에서는 일어나지 않죠. 수준 높은 원격 수업을 준비하고 학생들이 의미 있는 참여를 하도록 이끌려면 엄청난 시간이 걸리고요."

브라운우드는 원격 수업을 하면서 직접 만나 강의를 할 때 나오는 학생들의 즉각적인 반응을 얻지 못했다. "저는 언제나 학생들과 직접적으로 교류하는 것을 즐기고 잘 해냈습니다. 그래서 원격 수업으로 많은 것을 잃었죠. 원격 수업으로는 대면 수업과 비슷한 방식으로 학생들과 관계를 맺기가 어렵습니다."

수백만 명의 학생과 교사들이 이런 이야기를 반복하고 있다. 하나의 바이러스가 많은 사람들의 삶을 변화시켰지만, 그것이 더 나은 방향으로의 변화는 아니었다. 교육의 많은 부분이 또래 집단과 함께 이뤄지는 대신 집에서 홀로 진행된다면 나이가 아주 어린 아이들은 세상에서 잘 살아가는 데 필요한 사회적 기술을 제대로 배울 수 있을까? 저소득층 가정의 4분의 3과 고소득층 가정의 절반 이상에서 부모들은 자녀들이 학업에서 뒤처질지도 모른다고 걱정했다.

정서 발달과 교육 측면에서 이전과 격차를 보이는 '코로나 키즈'는 얼마나 많을까? NPR 방송에 따르면 미국에서 줄잡아 300만 명이나 되는 학생들이 대부분 인터넷 접속이 안 된다는 이유로 학교를 중퇴했을 것이라 추정한다. 이름만 밝히는 조건으로 NPR 방송과 인터뷰한 교사 알렉스는 이렇게 말했다. "정말로 불안한 상황입니다. 제 생각에 사람들은 우리 교사들이 아이들을 자주 만나야 한다는 사실을 잘 모르는 것 같아요. 학교에서 직접 만나야 교사들이 아동 학대나 영양

2021년 봄까지 미국 대부분의 주에서 휴교령을 해제했고, 많은 학교들이 대면 수업과 온라인 수업을 함께 실시했다.

부족의 징후를 발견할 수 있습니다. 하지만 온라인에서는 그럴 수 없죠."

원격 수업은 부모들에게도 큰 영향을 미쳤다. 2020년 11월, 미국 경제 전문지 〈포브스〉는 이렇게 보도했다. "미국 전역에 휴교령이 떨어지면서 맞벌이 부모들이 가장 큰 타격을 받고 있다. 이들의 삶은 완전히 뒤바뀌었다. 몇몇은 직장을 계속 다닐 것인지, 아니면 아이들을 돌볼 것인지 선택해야 하는 어려움에 맞닥뜨렸다. 미국 국립여성법률센터에 따르면 2020년 8월에서 9월 사이에 80만 명 이상의 여성들이 아이들을 돌보기 위해 직장을 그만두었다." 집에서 일할 수 있는 부모들은 온라인으로 일을 하면서 아이들을 지켜보고 원격 수업을 감독해야 했다. 하지만 많은 가정에서는 이것이 불가능한 상황이었다.

가을이 다가오면서 몇몇 학교는 원격 수업에서 대면 수업으로 옮겨 갈 계획이었다. 그러나 늦여름과 초가을 사이에 모든 연령대의 학생들이 학교에 등교하면서 어린이와 청소년, 젊은이들 사이에 확진자가 증가하기 시작했다. 일부 학교와 대학은 코로나19 확진자가 증가하기 전까지 며칠만 문을 열었다가 확진자가 급증하자 다시 문을 닫았다. 수백만 명의 학생들이 원격 수업을 받기 위해 집으로 돌아가면서 교실은 다시 텅 비었고 대학 기숙사도 비워졌다.

하지만 몇 달에 걸친 원격 수업은 많은 가정에 심각한 문제

코로나19 검사를 받는 사람들은 원래 많았지만, 특히 추수감사절과 크리스마스 연휴 전에 많은 사람들이 여행을 하거나 가족을 방문해도 안전한지 알고 싶어 차에서 몇 시간을 기다리며 검사를 받았다.

를 불러왔다. 리사는 원격 수업과 자가 격리가 외향적이었던 열세 살짜리 아들을 완전히 다르게 바꾸었다고 말했다. 아들은 성적이 떨어지더니 낙제했다. "아들은 우리에게 자기가 공부를 따라가지 못하며, 부모님을 실망시키고 싶지 않지만 자기는 쓸모없는 존재라고 털어놓았죠."

감염병이 크게 유행하면서 엄청난 스트레스를 받는 동안 청소년들은 자신이나 친구들, 부모님에 대해 매우 불안해하고 걱정하며 다음과 같은 질문을 할 수 있다. 나도 병에 걸리는 건 아닐

2021년 들어 교사들이 코로나19 예방 접종을 받기 시작하면서, 미국 공립 학교는 각 주의 방침에 따라 다시 문을 열었다. 교사와 학생은 마스크를 착용했으며, 되도록 사회적 거리두기를 지켰다. 그래서 하이파이브나 악수 대신 팔꿈치를 부딪치는 인사가 흔해졌다.

까? 부모님은 무사할까? 친구들을 언제 다시 만날 수 있을까? 이 사태가 다 끝날 때까지 여전히 친구가 남아 있을까? 청소년들은 미래를 계획해야 할 시기에 그들의 인생을 기한도 없이 미뤄야 했다. 그리고 팬데믹 기간에 강요된 사회적 고립감과 외로움은 앞으로 여러 해에 걸쳐 청소년들의 심리에 영향을 끼칠지도 모른다.

미국 질병통제예방센터의 조사에 따르면 스트레스, 불안, 심지어 자해와 같은 정신 건강 문제로 응급실에 온 사례가 5~11세 어린이들에게서는 거의 4분의 1이 증가했고, 12~17세 청소년들에게서는 3분의 1이나 증가했다. 한 설문 조사에 따르면 팬데믹 기간에 자신이 불행하다고 여기고 우울함을 느끼는 고등학생이 30%에 이르렀다. 그리고 18~24세의 청년들 가운데 4분의 1은 팬데믹 기간에 자살을 심각하게 고려했다고 답했다.

상담 치료사 샤론 영Sharon Young은 이 현상에 대해 이렇게 설명한다. "그동안 익숙했던 것과 삶의 뼈대가 되어 주던 것들, 그리고 예측 가능성과 정상성 등이 모두 사라졌습니다. 아이는 어른보다 이 모든 것들을 더 필요로 합니다. 필요한 것들이 더 이상 제자리에 없으면 아이들은 정서적으로 안전하다고 느끼기 어렵습니다."

미국 스탠퍼드아동병원은 어린이와 청소년에게서 다음과 같은 증상이 나타나는지 관찰할 것을 어른들에게 권고한다. 정신 건강 측면에서 개입해야 할 필요성을 나타내는 신호일지도 모르기 때문이다.

- 평소보다 쉽게 짜증을 내거나 많이 낸다.
- 누군가를 맹렬히 비난한다.
- 친구들을 피한다.
- 잠을 지나치게 많이 자거나 충분히 자지 못한다.
- 지나치게 많이 먹거나 너무 적게 먹는다.
- 평소 좋아하는 것들을 즐기지 못한다.

교사들도 교실에서 코로나19에 걸릴 위험성이 높았다. 2020년 9월 미국 미주리주에서 아이들을 가르치던 34세의 교사 애시리 드마리니스가 코로나19에 걸려 사망했다. 드마리니스의 여동생은 "언니는 훌륭한 선생님이었어요. 특수 교육 분야에 종사하면서 장애가 있는 아이들에게 아이들이 배울 수 있는 활동을 가르쳤죠."라고 말하면서, 그래도 학교로 돌아가는 것에 매우 긴장했다고 털어놓았다.

그 뒤 몇 달이 지나는 동안 학교는 문을 열었다가 닫기를 반복했다. 그리고 미국을 비롯한 전 세계 사람들은 언제쯤 되어야 학교에서 대면 교육을 해도 학생과 교사 모두에게 안전할지 의심스러워했다.

6장

병의 확산을 막기 위해 노력하다

오늘날 코로나19와 맞서 싸우는 미국을 위해 네 가지 간단한 방역 지침을 지킬 것을 부탁한다. 마스크를 쓰고, 사회적 거리두기를 지키고, 손을 씻고, 여럿이 모일 때 주의하라는 것이다. 이것은 미국 국민의 일부가 아니라 우리 모두 실천해야 한다.

-로버트 레드필드(Robert Redfield), 전 미국 질병통제예방센터 소장, 2020년

코로나19 팬데믹은 미국 사회에 '그래프의 곡선을 평평하게 만들기 flattening the curve'라는 표현처럼 몇 가지 새로운 문구가 생겨나게 했다. 감염병학자들은 사회가 감염병의 확산을 늦추는 조치를 취하지 않는다면 어떻게 병이 확산될 수 있는지 비교하기 위해 이 문구를 사용한다. 코로나19 같은 감염병의 확산을 보여 주는 그래프는 병원의 수용 능력을 나타내는 중간의 가로선부터 봐야 한다. 그래프의 경사가 급해져 감염률이 정점에 도달할수록, 병원에서는 물자가 부족해지고 의사와 간호사는 넘쳐나는 환자를 감당하지 못한다. 그래서 환자들이 병원에 입원하지도 못하거나, 중환자실에 들어가지 못할 수도 있다.

곡선을 평평하게 만들기(질병의 확산 속도 늦추기)

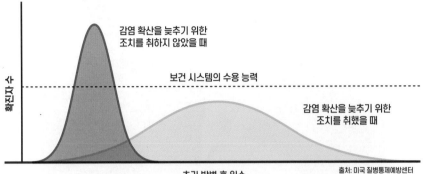

출처: 미국 질병통제예방센터

4주 안에 100만 명이 코로나19에 걸린다고 가정해 보자. 높고 뾰족한 그래프는 많은 사람이 짧은 시간 동안 병에 감염되면 보건 시스템이 감당할 수 있는 수용 능력을 재빨리 압도해 버린다는 것을 보여 준다. 이제 평평한 그래프를 보자. 이 경우에도 코로나19에 걸린 사람은 100만 명이지만, 사회적으로 질병의 확산을 늦추기 위해 노력했기 때문에 4주가 아닌 10주에 걸쳐 전파되었다. 동일한 수의 사람들이 코로나19에 걸렸지만, 더 오랜 기간에 걸쳐 감염되면서 특정 기간의 환자 수가 보건 시스템의 역량을 넘어서지 않는다.

    미국 국립알레르기·감염병연구소 소장 앤서니 파우치Anthony Fauci는 이렇게 말한다. "코로나19 발병률 그래프의 곡선을 보면, 큰 봉우리까지 올라갔다가 내려옵니다. 우리가 해야 할 일은 이 곡선을 평평하게 만드는 것입니다. 곡선이 그렇게 되어야 감염자가 줄어들고 사망자도 점차 줄어들 겁니다. 병이 전파되는 자연적인 흐름을 가로막고 방해해야 하죠."

    의료 전문가들에 따르면 이 그래프 곡선을 평평하게 만들기

미국에서 코로나19 팬데믹 발생 직후인 2020년 3월, 미국 국립알레르기·감염병연구소 소장 앤서니 파우치가 대책위원회 회의에서 발표하고 있다.

는 그렇게 어렵지 않다. 감염병을 막기 위한 정부의 강력한 노력, 제대로 된 지식과 도구를 갖춘 인구 집단, 사람들을 돕는 지원책이 확산세를 늦추는 최고의 조합이다. 하지만 2020년만 해도 마땅한 치료법도 없고 백신도 개발되지 않은 데다, 위기 상황에서 국민에 대한 지원을 꺼리는 미국 정부 때문에 보건 전문가들은 병의 확산을 늦추기 위해 개인에게 기본적인 지침을 따르도록 하는 수밖에 없었다. 누구든 할 수 있는 간단한 지침이었다. 집 밖에 나갈 때는 마스크 쓰기, 사람들 사이에 최소한 2미터의 사회적 거리 유지하기, 손을 자주 씻기 등이다.

효과가 있는 마스크 착용

워싱턴대학교 의과대학 건강측정·평가연구소 소장인 크리스토퍼 머레이Christopher Murray는 이렇게 말한다. "미국에서는 마치 롤러코스터를 타는 것 같은 상황이 벌어지고 있습니다. 감염이 확산되면 사람들은 마스크를 쓰고 사회적 거리두기를 지키지만, 감염이 줄어들면 방심한 나머지 자신과 다른 사람들을 보호하기 위한 이런 조치를 더 이상 하지 않죠. 그렇게 되면 물론 감염자가 더 늘어납니다." 과학자들은 미국인의 95%가 외출할 때마다 마스크

어떤 사람들이 마스크를 잘 쓸까?

미국 과학 잡지 〈내셔널 지오그래픽〉은 누가 마스크를 쓰고 누가 쓰지 않는지에 대한 여론 조사 결과를 발표했다. 스스로 마스크를 착용하고 있다고 밝힌 사람들을 살펴보면 다음과 같다.

• 남성보다 여성이 더 많았다.

• 나이대가 18~34세이거나 65세 이상이었다.

• 좀 더 진보적인 정치 성향을 지녔다.

• 교육 수준이 좀 더 높고 소득도 높았다.

• 백인보다는 유색 인종이 더 많았다.

를 쓴다면 코로나바이러스 치명률이 49% 감소할 수 있다고 추정한다.

2020년 7월이 되자 미국의 여러 주지사와 시장들은 모든 시민이 집 밖에서 마스크를 착용하도록 의무화했다. 어떤 매장에서는 고객이 건물 안에 들어와 쇼핑하려면 마스크를 쓰도록 요구했다. 대부분의 사람들은 가족이나 친구들, 그리고 지역 사회에서 코로나19가 확산되지 않게 하려면 마스크를 쓰는 정도의 불편함은 감수해야 한다고 생각했다.

질병통제예방센터에 따르면, 마스크를 착용하면 코로나19 바이러스에 노출될 위험을 70% 이상 줄일 수 있다. 마스크는 사람이 야외에서 호흡하는 공기 입자의 일부를 차단해 마스크를 쓴 사람뿐 아니라 다른 사람들도 질병으로부터 보호한다. 마스크를 쓸 때는 코와 입을 제대로 덮어야 효과가 있다. 몇몇 전문가들은 두 개 이상의 마스크를 착용하면 전염 가능성을 더 낮출 수 있다고 권고한다. 그러나 얼굴 전체를 덮는 투명 플라스틱 시트인 얼굴 가리개는 마스크 대신 쓰기에 적합하지 않다.

그럼에도 몇몇 사람들은 정부가 마스크 착용을 강요하는 것은 인권 침해라고 말하며 질병의 확산을 막는 것은 개인에게 달려 있지 않다고 주장한다. 그래서 이들은 정부가 권고하는 마스크 착용을 거부했다. 예컨대 대형 마트의 한 직원이 마스크를 쓰지 않은 남자에게 매장에서 나가 달라고 요청하자 그는 이렇게

2020년 8월 미국 보스턴에서 정부의 방침인 의무적인 백신 접종과 마스크 착용, 사회적 거리두기에 반대하는 시위자들이 거리로 나왔다. 이런 시위는 여름 내내 몇몇 주의 주도에서 벌어졌고, 대부분의 시위자들은 마스크도 쓰지 않고 사회적 거리두기도 하지 않았다.

말했다. "나에게는 이 빌어먹을 마스크를 쓰지 않을 권리가 있어요. 이건 마스크를 쓰고 말고의 문제가 아니라 개인에 대한 통제의 문제입니다." 마스크를 쓰지 않을 거면 나가 달라고 요구하는 가게나 식당 점원들에게 화를 내며 항의하는 사람들 이야기가 날마다 뉴스에 오르내렸다. 이러한 마스크 반대자들 가운데 일부는 마스크가 효과 있다고 여기지 않았고, 심지어 코로나바이러스가 실제로 존재한다고 믿지도 않았다.

"지금 당장 모든 사람이 마스크를 쓴다면 4주나 6주, 적어도 8주 안에 이 감염병을 통제할 수 있을 겁니다."
-로버트 레드필드, 전 질병통제예방센터 소장, 2020년

마스크를 쓰면 코로나19의 확산을 막을 수 있다는 사실은 과학적으로 입증되었다. 그런데도 수많은 사람들이 마스크 착용을 거부한 채 바닷가나 거리, 술집에서 대규모로 모였다. 자연히 코로나19 확진자가 늘었다. 미국 뉴저지주 세인트 피터 대학병원의 감염병 담당자인 헨리 레델Henry Redel은 이렇게 말했다. "마스크를 쓰는 것만으로 주변 사람들과 가족, 친구들, 그리고 더 나아가 일반 대중을 보호할 수 있습니다. 모든 사람이 건강하지는 않으며, 사람들 가운데는 의학적 질환이나 손상된 면역계를 가진 사람들도 많죠. 우리 모두가 다 함께 정상적인 생활로 돌아가고 싶다면 마스크를 쓰는 것이 우리가 할 수 있는 일입니다. 사회 전체를 생각하면 그렇게 해야 합니다."

우리들 가운데에는 보호해야 할 나이 든 부모와 조부모가 있는 경우가 많다. 젊은 사람이어도 기저 질환을 앓고 있는 경우도 있다. 크리스 오블리가 같은 사람이 그렇다. 오블리가는 캘리포니아주 새크라멘토에 사는 27세의 언어 치료 보조원이다. 2020년 7월, 오블리가와 그의 부모는 코로나19에 걸렸다. 부모는 가벼운 증세를 겪었지만 오블리가는 증상이 심각해 중환자실에 입원했다. 당뇨병 환자여서 감염병에 더 취약했기 때문이다. 오블리가는 사람들이 자신의 경험에서 교훈을 얻기를 바라며 다음과 같이 말했다.

아직도 코로나19를 심각하게 여기지 않는 분들이 있다면, 이 병에 걸렸을 때 여러분이나 여러분이 사랑하는 사람에 무슨 일이 일어날 수 있는지 간단하게 말씀드리겠습니다.

여러분이 만약 혼자서 응급실에 걸어 들어가, 혼자서 기관에 관을 넣었다가 빼고, 주변에 익숙한 얼굴 하나 없이 진정제를 잔뜩 맞았다가 깨고, 병원에서 회복하는 동안 아무런 도움도 받지 않을 수 있다면, 그렇다면 외출할 때 마스크도 쓰지 말고 사회적 거리두기도 하지 마세요. 하지만 고맙게도 내 곁에는 나를 가족처럼 대해 주는 간호사들이 있었고 어머니같이 보살펴 주는 의사 선생님도 있었죠.

코로나19는 진짜로 존재하는 병이고, 지금도 숱한 생명을 앗아가고 있습니다. 저는 젊고 건강해서 다행히 목숨을 건졌어요. 하지만 이 병은 사람을 가리지 않아요. 물론 나에게 일어난 일이 여러분에게 일어나지는 않을 수도 있지만, 왜 굳이 위험을 감수하죠? 지금은 모든 게 우리가 어떻게 하느냐에 달려 있습니다. 미국은 팬데믹 기간에 국민들을 제대로 이끌 지도력이 부족하니, 여러분이 올바르게 대처해서 자신의 목숨과 건강을 지켜야 해요.

1918년의 마스크 반대자들

마스크를 써야 하는 시기가 이번이 처음은 아니다. 지금으로부터 100여 년 전인 1918~1919년, 스페인 독감이 유행하던 기간에도 공중 보건 당국은 독감의 확산을 늦추기 위해 마스크를 쓰라고 사람들에게 권고했다. 사람들은 1918년 봄에서 여름까지만 해도 대개 그 조치에 따랐다. 하지만 가을 들어 독감이 미국에서 10월에만 19만 5000명의 목숨을 빼앗았음에도 사람들은 마스크 착용에 반기를 들었다. 유명인들은 대중이 자기 얼굴을 못 알아볼까 봐 마스크를 쓰지 않으려 했다. 그리고 편안함과 자유를 잃었다며 불평하는 사람들도 있었다. 남성들 중에는 시가를 피울 수 있도록 마스크에 구멍을 내기도 했다.

스페인 독감의 세계적 유행이 2년째 접어들면서 마스크에 대한 반발심은 더욱 커졌다. 공무원들은 마스크를 착용하지 않은 사람들을 발견할 때마다 벌금을 부과했지만 큰 도움이 되지 않는 듯했다. 한 변호사는 마스크를 감염병을 막는 수단이 아닌 정치적 상징으로 바꾸어 샌프란시스코에 마스크 반대연맹을 세웠다. 마스크 반대자는 정부가 시민들에게 마스크를 쓰도록 강요하는 것은 위헌이며, 마스크가 효과 있다는 과학적 증거도 없다고 주장했다. 그 결과 스페인 독감이 끝날 무렵 샌프란시스코에서는 인구 1000명에 30명꼴로 독감으로 목숨을 잃었고, 미국 전체에서 가장 피해가 큰 도시 가운데 하나가 되었다.

사회적 거리두기

코로나바이러스는 감염자가 기침이나 재채기를 할 때, 웃거나 노래할 때, 심지어 큰 소리로 말할 때 뿜어져 나오는 작은 물방울(비말)을 통해 가장 쉽게 전파된다. 이런 물방울은 몇 미터 이동하지 못하고 바닥에 떨어진다. 감염자의 이런 활동은 또한 헤어스프레이에서 나오는 것과 비슷하게 수많은 작은 입자를 안개처럼 뿜어낸다. 이 작은 입자들은 4~5미터, 또는 그 이상을 이동하며 공중에 몇 시간 동안 떠다닐 수 있다. 이때 그 입자 사이로 지나가는 사람들은 감염될 수 있다. 작은 물방울과 안개 모두 근처에 있는 사람들의 입이나 코에 내려앉아 폐로 흡입되어 감염을 일으킨다.

팬데믹 초기에 미국 보건 당국은 사람들에게 서로 2미터씩 떨어져 있으라고 주의를 주었다. 많은 가게와 공공장소에서는 2미터가 어느 정도인지 알려 주기 위해 바닥에 스티커를 붙였다. 하지만 2020년 8월 들어 전문가들은 2미터 간격으로는 충분하지 않을 수 있다고 경고했다. 공기의 순환, 환기, 노출 시간, 군중의 밀도, 사람들이 마스크를 쓰고 있는지 아닌지, 그리고 사람들이 말하는지, 소리를 지르는지, 노래를 부르는지와 같은 요인들이 모두 바이러스에 감염될 가능성에 영향을 미쳤다.

코로나19의 증상이 없는 사람들은 자기가 감염되었는지 미처 모를 수 있다. 그래서 이런 무증상자들이 자기도 모르게 전염시킨 확진자의 수가 전체의 절반도 넘는다. 질병통제예방센터에서 사람들에게 외출 시간을 줄이고 다른 사람들과 최소 2미터 이상의 사회적 거리두기를 유지하라고 요구한 이유가 바로 이 때문이다. 사회적 거리두기의 가장 엄격한 형태는 미국의 일부 주지사와 시장들이 각 주와 도시에 내린 봉쇄 명령이었다. 한 연구에 따르면 이런 봉쇄 명령은 감염률을 58% 감소시켰다. 마찬가지로 영국의 연구자들도 영국에서 내린 봉쇄령이 감염률을 82% 줄였다고 추정했다.

캘리포니아대학교 버클리캠퍼스 공공정책학 교수인 솔로몬 시앙Solomon Hsiang은 봉쇄 조치가 불러오는 어려움을 인정하면서도 다음과 같이 말했다. "이런 봉쇄령을 실시하지 않았다면 2020년 4월과 5월에 사정은 무척 달라졌을 것입니다. 코로나19는 전염성이 매우 높은 질병들 가운데서도 드물 정도로 아주 빠르게 퍼지고 있었죠. 인류가 벌인 여러 노력 가운데 봉쇄령만큼 짧은 기간 동안 많은 생명을 구한 조치는 없었을 겁니다. 각자 집에 머무르면서 행사나 모임을 취소하는 데 엄청난 비용이 든 것은 사실입니다. 하지만 데이터에 따르면 봉쇄령을 실시하고 나서 하루가 다르게 효과가 나타났죠. 과학 지식과 사람들의 협력을 통해 우리는 역사의 흐름을 바꿨습니다."

한 연구에 따르면, 미국에서 2020년 3월 1일에서 8월 1일 사이에 코로나19는 다른 모든 요인들에 대해 일반적으로 예상했던 사망자 수를 다 합친 것보다 최소 20% 더 많은 사망자를 발생시켰다.

깨끗하게 손 씻기

사스-코브-2 같은 바이러스는 더러운 손에 의해 전염될 수 있다. 바이러스에 감염된 사람들이 손으로 자신의 눈, 코, 입을 만진 다음 식탁 표면을 만졌다면, 건강한 사람들이 이후에 그 식탁을 만졌다가 감염될 수 있다. 이런 일을 예방하려면 적어도 20초 동안 꼼꼼하게 손을 씻어야 한다. 특별한 항균 비누가 필요한 것도 아니다. 어떤 비누라도 좋다. 비누는 바이러스와 세균에 달라붙어 여러분이 손을 물로 씻어 낼 때 다 같이 배수구로 흘러내려 가도록 한다. 코로나바이러스는 비누에 특히 약하다.

비누를 쓰기에 알맞지 않은 곳에서는 손 세정제를 마련해 놓기도 한다. 손 세정제를 사용할 때는 손가락 사이사이를 비롯해 손 전체에 펴 바른 다음 완전히 마를 때까지 힘차게 비비면 된다. 대부분의 세정제는 적어도 60% 이상이 알코올인데, 이 성분은 손에 있는 세균과 바이러스를 죽일 수 있다.

이렇듯 손을 씻는 것도 중요하지만 사람들의 더러운 손은 사스-코브-2가 퍼지는 일차적인 요인이 아니다. 질병통제예방센터는 2020년 5월에 대부분의 사람들은 오염된 물체를 만져도 바이러스에 잘 감염되지 않는다고 발표했다. 직접적인 접촉에 의해 바이러스에 감염될 위험성이 처음에 알려졌던 것보다 낮다는 사실을 알고 많은 사람들이 소포, 쓰레기통, 우편물, 신문을 소독하는 일을 그만두었다. 토론토대학교의 감염병학자인 콜린 퍼니스

Colin Furness는 지금까지 알려진 것으로 보아 코로나19는 오염된 표면을 통해서는 그렇게 많이 전파되지 않는다고 말했다.

코로나19 검사

사람들이 사스-코브-2에 감염되었는지 여부를 검사하면, 코로나19에 감염되었거나 바이러스에 노출되었을지도 모르는 사람들을 확인해 발병률 그래프 곡선을 평평하게 만드는 데 도움이 된다. 팬데믹 기간에 의사들은 바이러스에 감염되었거나 노출된 사람들은 다른 사람에게 병을 옮기지 않도록 적어도 14일 동안 자가격리하라고 지시했다. 사람들은 증상이 심해져야만 병원에 가서 치료를 받을 수 있었다.

질병통제예방센터는 코로나19 증상이 있는 사람과 바이러스에 밀접하게 접촉한 사람에게 검사를 받으라고 권고했다. 의료계 종사자들 또한 병원에 입원하거나 수술을 받기 전에 환자에게 코로나19 검사를 요구하는 경우가 많았다. 학교나 직장에 복귀하는 사람들도 코로나19 검사를 받아야 했다. 프로 스포츠 선수들도 경기 중에 서로 가까이 접촉하기 때문에 코로나19 검사를 자주 받았다. 경기 일정에 따라 매일 검사를 받아야 하는 경우도 많았다. 일부 항공사에서는 비행기에 탑승하기 전에 승객들에게 검사를 받도록 요구했다. 그뿐 아니라 의료계 종사자들도 일터에서

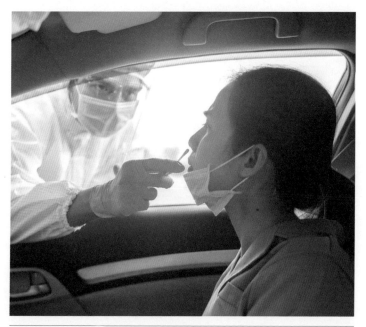

코로나19 검사는 면봉으로 콧구멍 안쪽을 깊게 찔러 표본을 채취하는 방식이어서 사람들이 거북해했다. 그래서 과학자들은 침에서 표본을 얻는 검사 방식을 개발했다.

바이러스에 감염되지 않았는지 확인하기 위해 자주 검사를 받아야 했다.

하지만 코로나19 검진 장비는 이렇게 많은 수요를 따라가기에 충분하지 않았다. 많은 사람들이 몇 시간 동안 길게 줄을 서거나 차에서 대기하며 검사를 받는 모습이 뉴스에 보도되었다. 때로는 바이러스가 환자의 몸에서 사라지는 것보다 검사 결과를 기다리는 시간이 더 오래 걸리기도 했다. 실험실에서는 검사를 진행하는 데 필요한 화학 약품이 동나는 바람에 판독 못 한 검체가 산더미처럼 쌓였다. 검사를 받지도 못하거나 검사 결과를 듣기 전에 코로나19로 사망하는 사람들도 가끔 생겼다. 검사가 완벽하지도 않았다. 하버드대학교 병원에서는 코로나19 검사에서 실제로는 환자 몸에 바이러스가 있지만 검사 결과에서는 바이러스가 없다고 나오는 '거짓 음성'이 발생할 확률이 30%에 이를 수도 있다고 밝혔다.

게다가 미국 연방 정부는 주 정부에 필요한 만큼의 검사 키트를 제공할 계획이 없었기 때문에 많은 주는 자체적으로 키트를 구해 보급해야 했다. 예를 들면 캘리포니아 주지사 개빈 뉴섬Gavin Newsom은 캘리포니아주에 있는 한 회사와 하루에 15만 건의 검사를 추가로 실시하기로 계약했다. 검사 결과는 24~48시간 안에 확인할 수 있었다.

2020년 12월, FDA는 최초로 코로나19 가정용 검사 키트를 승인했다. 이 키트를 사용하는 데는 처방전이 필요 없고, 가격도 30달러(우리 돈으로 약 3만 6000원) 정도로 저렴해서 검사장을 찾아가기 힘든 사람들이 편리하게 이용할 수 있었다.

코로나19 검사 키트는 두 종류가 있는데, 각각 다른 것을 검사한다. 하나는 검사받는 사람이 지금 감염되었는지를 보여 주는 검사다. 만약 감염이 되었다면 그는 다른 사람들과 격리되어야 하고, 필요에 따라 치료를 받아야 했다.

다른 하나는 과거에 코로나19에 감염된 적이 있는지를 알려주는 항체 검사다. 사람의 면역계는 감염과 싸우기 위해 특정 질병에 대응해 항체를 생산한다. 예를 들어 여러분이 어렸을 때 홍역 예방 접종을 했는데 나중에 다시 홍역에 노출된다면 혈액 속에 홍역을 퇴치할 항체가 있다. 코로나19에 맞설 항체가 있다면 그 사람은 과거에 이 병에 걸린 적이 있다는 뜻이다. 2020년 12월 과학 잡지 〈사이언스〉의 한 연구에 따르면, 사스-코브-2 감염에 따른 항체는 몇 달 동안 지속되어 일부 사람들이 다시 감염되지 않게 보호한다.

접촉자 추적 조사

접촉자 추적 조사와 접촉자 검사는 발병률 그래프 곡선을 평평하게 만드는 또 다른 방법이다. 질병통제예방센터에서는 감염된 사람(또는 감염되었을 가능성이 있는 사람)으로부터 15분 이상 2미터 거리 이내에 머무는 것을 '접촉'이라고 정의한다. 접촉자 추적 조사는 공중 보건 담당자가 최근에 진단받은 환자가 감염시켰을 가능성이 있는 모든 사람을 추적하는 방식이다.

담당자는 환자가 증상이 나타나기 직전까지 누구와 접촉했는지 기억하도록 하며, 되도록 빨리 접촉자들의 위치를 파악한 다음 그들에게 코로나19에 노출되었으니 14일 동안 집에 머물러

미국을 비롯해 여러 나라에서 사용자에게 코로나19에 노출되었을 가능성을 알려 주는 접촉 추적 애플리케이션을 개발했다. 이 애플리케이션은 사용자의 위치를 모니터링하고 다른 사용자의 애플리케이션과 통신하는 방식으로 작동한다. 양성 반응이 나온 사람은 검사 결과를 애플리케이션에 보고할 수 있다. 그러면 애플리케이션에서 최근에 이 사람과 접촉한 다른 사람에게 바이러스에 노출되었을 위험성을 알려 준다.

야 한다고 알려 준다. 그리고 담당자는 접촉자들에게 사회적 거리두기를 유지하고, 하루에 두 번 체온을 재며, 기침이나 호흡 곤란 증세가 없는지 살펴보라고 한다. 이런 증상이 발생하면 접촉자는 자가 격리한 뒤에 담당자에게 연락해 의료적 처치가 필요한지를 결정해야 한다.

구글이나 애플 같은 회사와 미국의 일부 주에서는 개인이 코로나19에 노출되었을 경우에 알려 주는 스마트폰 애플리케이션을 개발해 출시했다. 이 애플리케이션에서는 사람들의 사생활을 보호하기 위해 누가 양성 반응을 보였는지 정확하게 알려 주지는 않는다. 이 애플리케이션은 정식 추적 조사는 아니지만 사람들이 바이러스에 노출되었을 것이라 추정되면 검사를 받아 보도록 제안한다.

오하이오주에서 코로나19에 걸렸다가 회복 중인 환자 에이미 드리스콜은 확진자로 판명되자마자 보건 부서로부터 전화를 받았다. 드리스콜에 따르면 보건 부서 담당자는 무척 많은 질문을 던졌다. "저는 지난 2주 동안 누구를 만났는지, 어디에 있었는지, 누구와 연락했는지, 어디서 일했는지 같은 질문을 받았어요." 추적 조사관들은 드리스콜의 동료들, 드리스콜이 점심을 먹으러 간 식당, 방문했던 미용실, 농구 경기장에서 드리스콜과 가까이 앉았던 사람들에게 하나하나 연락했다. 환자의 사생활을 보호하기 위해 접촉자에게는 감염에 노출되었다는 사실만 알리고 감염자의 이름은 알려 주지 않았다.

접촉자 추적 조사는 질병의 확산을 늦추는 데 효과적이지만 코로나19 환자가 늘어나면서 어려움이 커지고 있다. 2020년 7월 한 보건 서비스 저널의 논문에 따르면, 당시 미국에는 매일 2만 명의 새로운 확진자가 발생하고 있었다. 환자 한 명당 평균 30명 이상의 밀접 접촉자가 있었다. 그에 따라 60만 명이 자가 격리 대상이 되었다.

이 논문의 결론에 따르면, 자가 격리를 자발적으로 실시하는 국가에서는 부담스럽게 긴 격리 기간 때문에 대상자 수가 늘어날수록 더 많은 사람들이 자가 격리 권고를 무시해서 접촉자 추적 조사의 효과를 낮출 수 있다. 그러면 코로나19의 확산은 계속될 것이다.

7장

바이러스에
맞서 싸우는 의료계

코로나19는 잠기지 않은 2층 창문으로 몰래 들어가 집 안을 뒤지는 도둑과 같다. 게다가 일단 집 안으로 침입하면 이 도둑은 물건만 훔쳐 가는 것이 아니라 문과 창문을 모두 열어 놓아 다른 도둑들이 몰려와 집을 털어 가도록 돕는다.

-토머스 스미스(Thomas Smith), 기자, 2020년

코로나19 확진자가 발생하기 시작한 2020년 초반만 해도, 의사들은 이 바이러스가 노인이나 당뇨병 같은 기저 질환이 있는 환자들의 목숨만 빼앗는다고 생각했다. 어떤 사람들은 코로나19에 걸렸으면서도 증상이 없어 본인이 감염된 것을 모를 수 있다는 사실은 알려지지 않았다. 또 의료계 종사자들은 바이러스가 폐만 공격한다고 생각했지 신체의 다른 장기에도 영향을 미칠 수 있다는 사실을 몰랐다. 환자들이 인공호흡기를 달고 몇 주 동안 입원해 있어야 한다는 사실도 알지 못했다. 코로나19에 맞설 특별한 치료법이나 약은 없었다. 전 세계의 의사들은 많은 지식을 새로 배워야 했다. 2020년 가을 들어 코로나19는 미국에서 심장병과 암의 뒤를 이어 세 번째로 많은 사망 원인이 되었다. 코로나19는 사람들의 삶을 완전히 바꾸어 놓았다.

누가 코로나19에 감염되었을까?

코로나19는 연령, 성, 인종을 가리지 않고 모든 사람들에게 영향을 미치지만, 누가 이 병에 더 큰 영향을 받는지는 일찍이 알려져 있었다. 미국에서 유색 인종은 코로나19에 걸렸을 때 백인에 비해 사망률이 높다. 또 당뇨병, 심장병, 신장 질환 같은 만성적인 질병을 가진 사람들은 코로나19에 걸리면 좀 더 심각한 증세를 겪게 될 가능성이 높다. 비만 또한 코로나19 증상이 얼마나 심각할지 예측하게 해 주는 변수였다. 2020년 8월의 한 연구 결과에 따르면, 비만인 사람들은 코로나19에 걸렸을 때 입원할 확률이 두 배 높았고, 중환자실에 들어갈 가능성도 훨씬 더 높고 사망률도 높았다. 미국에서는 성인 가운데 약 38%, 10대에서는 21% 정도가 비만인데, 이들은 코로나19와 그 합병증에 걸릴 가능성이 더 높다.

또 다른 예상치 못한 발견은 성별이 코로나19에 미치는 영향이었다. 남성은 나이에 상관없이 여성에 비해 병에 걸렸

코로나19 팬데믹 초기에 의사들은 위독한 환자들이 보이는 이상한 합병증에 맞닥뜨렸다. 우리는 앞을 보지 않고 날아가는 셈이었다. 의사로서 이보다 더 불안한 일은 없었다.

-호세 파스쿠알(Jose Pascual),
펜실베이니아 병원 외과 의사, 2020년

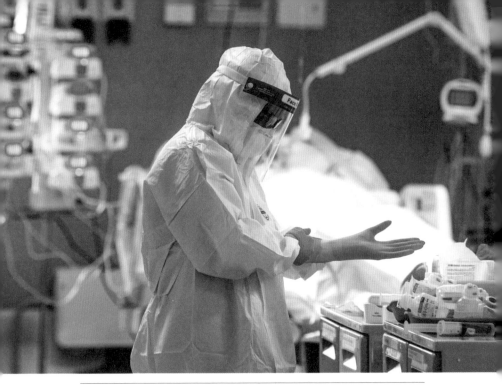

의료계 종사자들은 팬데믹 기간 동안 환자를 치료할 때 개인 보호 장비를 완벽하게 착용해야 했다. 하지만 일부 병원은 물자 부족과 정부의 지원 부족 때문에 모든 직원에게 보호 장비를 지급하는 데 어려움을 겪었다.

을 때 증세가 심하고, 사망할 확률이 거의 두 배에 다다랐다. 이 것은 코로나19에 대해 정확한 통계 자료를 기록하는 대부분의 국 가에서 드러난 사실이다. 여기에 대한 한 가지 이유는 여성이 남 성에 비해 T세포를 훨씬 더 많이 생산하기 때문일 것이다. T세포 는 면역 세포 중 하나다. 이 세포는 코로나19 같은 감염병에 재빨 리 대응하고 바이러스가 퍼지는 것을 막고자 감염된 세포를 찾아 내 파괴한다. 90세 여성의 T세포가 보이는 반응은 대개 40세 남성의 T세포가 보이는 반응과 비슷할 만큼 강하다.

나이 또한 코로나19에 따른 심각한 병세와 사망률에 영향을 끼친다고 알려져 있다. 노인은 젊은이에 비해 기저 질환이 있거나 면역계가 약해졌을 가능성이 더 높다. 다만 젊은이는 노인처럼 증상이 심한 경우는 드물어도 코로나19에 감염될 가능성 자체는 더 높았다. 2020년 가을 미국 질병통제예방센터의 보고에 따르면 미국에서 20~29세의 젊은이가 새로운 확진자의 약 4분의 1을 차지했는데, 이것은 어느 나이대보다도 높은 수치였다. 코로나19 확진자의 평균 연령도 2020년 5월에 46세였던 것이 고작 몇 달 만에 38세로 낮아졌다.

젊은이들은 특정 활동의 위험을 과소평가하고, 나이 든 사람들에 비해 위험을 감수할 가능성도 높은 편이다. 23세의 브랑코 즐라타르는 코로나19 팬데믹 기간에 왜 밖으로 쏘다녔는지를 묻는 신문 기자에게 이렇게 답했다. "내 또래 젊은이들이 그런 걸 다 무시하는 데에는 이유가 있죠. 밖에서 즐겁게 지내야 할 시간에 집에 처박혀 시간을 허비하고 싶지 않거든요." 2020년 여름에 친구들과 술집에서 모임을 가지고 나서 즐라타르는 코로나19에 걸렸다. 즐라타르는 코로나19 검사를 받고 결과를 기다리는 동안에도 계속해서 친구들을 만났다. 결국 즐라타르는 코

과학자들은 미국에서 가장 흔한 혈액형인 O형 혈액형을 가진 사람들이 코로나19에 걸릴 가능성이 낮으며, 걸려도 심각한 증세로 발전할 가능성이 낮다는 사실을 발견했다.

로나19에 감염되었으며, 친구들 역시 감염되었다는 사실이 밝혀졌다. 즐라타르는 자신의 행동에 죄책감을 느꼈고, 병에서 회복된 뒤에 다른 코로나19 환자들을 치료하는 데 도움이 되도록 혈장을 기증했다.

개의 후각으로
바이러스를 찾아낼 수 있을까?

개는 후각이 무척 뛰어나서 사람들은 폭탄이나 마약을 탐지하기 위해 개를 이용한다. 그뿐만 아니라 개들은 암이나 발작, 저혈당을 발견해 의학적으로도 도움을 준다. 그리고 개들은 놀랍게도 사스-코브-2도 탐지할 수 있다! 연구자들은 감염자와 건강한 사람에서 얻은 샘플을 가지고 개가 코로나바이러스의 냄새를 맡을 수 있는지 시험했다. 그 결과 개들은 95% 이상의 정확도를 보였다.

일부 항공사는 안전한 비행을 위해 승객들이 탑승하기 전에 코로나19 검사를 받도록 한다. 이때 개는 한 시간에 250명을 검사할 수 있는데, 이것은 어떤 코로나19 검사 키트보다도 빠르다. 핀란드의 헬싱키 공항에서 코로나19를 탐지하기 위해 훈련받은 개 10마리를 활용한 결과 거의 100%의 정확도를 나타냈다. 전 세계의 다른 공항들도 코로나19를 탐지하기 위해 개들을 훈련시키는 중이다. 코로나19 검사 결과를 마냥 기다리느니 훈련받은 개에게 냄새를 맡게 하는 게 더 낫지 않을까?

감염되었지만 증상이 없는 사람들

팬데믹이 계속되면서 연구자들은 코로나19 양성 반응을 보인 사람 10명 가운데 적어도 4명은 증상이 없다는 사실을 알아차렸다. 왜 같은 바이러스에 감염되어도 어떤 사람은 증상이 있고 어떤 사람은 증상이 없을까? 여러 연구에 따르면 이유는 두 가지다.

하나는 어떤 사람들은 증상이 너무 가벼운 나머지 자신이 코로나19에 걸렸는지 전혀 느끼지 못했다. 이런 사람들은 두통, 수면 장애, 목 간지러움, 가벼운 메스꺼움과 설사만을 겪고 평소보다 컨디션이 조금 나쁘다고 생각하며 넘어갔을지도 모른다.

또 하나는 얼마나 많은 바이러스와 접촉했는지에 따라 증세가 결정된다는 것이다. 예를 들어 감염된 사람이 여러분의 얼굴에 대고 재채기를 한다면, 여러분은 감염자가 마스크를 쓴 채 방 건너편에서 재채기를 했을 때보다 훨씬 더 많은 바이러스와 접촉하게 될 테고 증상이 더 심해질 것이다.

처음에 의사들은 전 세계에서 사스-코브-2에 면역력을 가진 사람은 아무도 없다고 생각했지만, 이것은 정확한 지식이 아니었다. 사람을 감염시킨다고 알려진 7종의 코로나바이러스 가운데 4종은 가벼운 호흡기 감염을 일으키고, 가끔은 폐렴을 일으킨다. 그리고 나머지 3종인 사스-코브-1, 메르스-코브, 사스-코브-2는 심각한 병을 일으킬 수 있다.

2020년 가을 무렵, 가벼운 증세를 일으키는 코로나바이러스 4종 가운데 하나에 감염되었을 때 사스-코브-2에 부분적인 면역을 얻을 수 있다는 증거가 발견되었다. 과거의 감염을 기억해 인지하고 그것과 맞서 싸우도록 돕는 T세포들 역시 새로운 바이러스가 코로나바이러스라는 사실을 인식해 어느 정도 면역력을 제공할 수 있다. 한 연구팀은 사스-코브-2가 널리 퍼지기 전인 2015년에서 2018년 사이에 미국에서 채취된 혈액 샘플의 약 50%에서 사스-코브-2를 '인식'하는 것처럼 보이는 T세포가 발견되었다고 밝혔다. 다른 몇몇 유럽 국가에서도 비슷한 연구 결과가 나왔는데, 이것은 사스-코브-2에 대한 부분 면역이 예상했던 것보다 더 널리 퍼져 있을 수도 있다는 점을 암시한다.

코로나19의 증상과 지속적인 합병증

사스-코브-2에 감염된 사람들 가운데 일부는 증상이 별로 없거나 전혀 없기도 하지만, 대부분 자신이 병에 걸렸다는 사실을 느낄 것이다. 코로나19는 독감과 비슷한 증상을 일으키며 이 가운데는 피로, 호흡 곤란, 기침, 근육통, 오한, 인후통, 두통, 발진, 메스꺼움, 구토, 설사가 포함된다. 여기에 더해 미각과 후각이 갑작스럽게 사라지는 증상은 코로나19만의 독특한 증세다. 입원이 필요한지를 결정하려면 이런 증상이 나타났을 때 의료 전문가가 직접 살펴야 한다.

팬데믹이 진행되면서 의사들은 바이러스가 폐, 심장, 간, 신장, 뇌, 면역계를 비롯한 신체의 거의 모든 부분에 영향을 미칠 수 있다는 사실을 깨달았다. 어떤 사람들은 몇 달 동안 앓았다. 또 어떤 사람들은 처음에는 증상이 없었지만 나중에 심장에 문제가 생기기도 했다.

미국 배우 얼리사 밀라노Alyssa Milano도 코로나19에 감염되었다. 밀라노는 이렇게 말했다. "태어나서 이렇게 아픈 건 처음이에요. 모든 곳이 아파요. 일단 냄새를 맡을 수 없고, 코끼리 한 마리가 가슴팍에 앉아 있는 것처럼 숨을 쉴 수가 없어요. 뭘 먹어도 제대로 소화를 시킬 수 없어서 2주 만에 4킬로그램이 빠졌죠. 정말 혼란스러웠어요. 미열이 있었고, 머리가 깨질 것처럼 아팠죠. 기본적으로 코로나19의 증상이라고 하는 것들은 전부 겪었어요." 그뿐만 아니라 밀라노는 어지럼증을 느꼈고, 숨이 가빴으며, 기억력이 떨어졌고, 심장 박동이 불규칙해졌다. 밀라노는 2020년 4월에 병에 걸렸지만 몇 달 뒤까지 증세가 이어지며 '후유증을 오래 겪는 환자'가 되었다.

대부분의 바이러스와 마찬가지로 사스-코브-2는 너무 작아서 1000개의 바이러스가 사람의 머리카락 너비 안에 줄 맞춰 들어갈 정도다. 하지만 일단 눈, 코, 입을 통해 몸속으로 들어오면 이 작은 바이러스가 여러 장기를 장악할 수 있다. 먼저 이 바이러스는 콧속 세포를 공격해 기도를 따라 증식하고 퍼져 나가 폐에 이른다. 그 과정에서 사람들은 기침과 발열, 두통, 인후통을 느낄 수 있다.

독감과 감기가 일반적으로 상기도만 감염시키는 게 특징이라면, 사스-코브-2는 코에서부터 폐에 있는 수백만 개의 작은 공기주머니인 폐포(허파꽈리)에 이르기까지 호흡기 전체를 감염시킨다. 폐포는 여러분이 들이마시는 산소를 내쉬는 이산화탄소와 교환해서 몸에서 필요로 하는 산소를 공급하는 역할을 한다. 이런 폐포가 바이러스에 감염되기 때문에, 코로나19에 걸리면 처음에 숨이 차고 공기를 충분히 들이마시지 못한다는 느낌이 든다. 심한 경우에는 죽은 세포와 체액이 폐를 채운다. 그러면 폐가 손상되고, 환자는 목숨을 건지기 위해 폐를 이식받아야 한다.

사스-코브-2는 신장을 자주 공격한다. 팬데믹 초기에 의사들은 중환자실에 입원할 만큼 증세가 심한 코로나19 환자 10명 가운데 3명은 신장이 제 기능을 잃었다는 사실을 발견하고 깜짝 놀랐다. 이런 환자들은 신장이 핏속 노폐물을 걸러 내는 일을 못하기 때문에 투석과 같은 신장 기능 대행 장치를 이용한 치료법으로 피를 걸러 주어야 했다.

2020년 한 해가 지날 무렵 의사들은 코로나19에 걸린 많은 환자들이, 심지어 증세가 가벼운 환자들도 심장과 혈관에 손상을 겪을 수 있다는 사실을 발견했다. 한 연구에 따르면 코로나19에 걸렸다가 회복된 환자 100명의 심장을 관찰한 결과, 78명이 심장마비와 비슷한 심장 손상을 보였고, 60명은 염증의 징후를 보였다. 이것은 바이러스 감염에 몸이 과도한 면역 반응을 보였기 때문이다. 이 연구를 이끈 심장병 전문의 발렌티나 푼트만^{Valentina} ^{Puntmann}은 "회복된 환자들 가운데 78%가 지속적인 심장 이상의

코로나19의 증상

폐: 폐포가 막히고 염증이 생기며, 호흡 곤란과 혈전으로 인한 폐색전증이 발생한다.

심장: 심장 근육이 약해지고 혈전으로 인한 부정맥과 심장마비가 발생한다.

코: 후각과 미각을 잃는다.

소화계: 설사와 구토가 일어난다.

면역계: 면역 반응이 과다하게 일어나서 건강한 조직을 공격한다.

신장: 혈액을 여과하는 구조가 손상된다.

눈: 충혈된다.

혈액: 혈전이 생기며 혈관 내벽이 공격받는다.

피부: 혈관이 공격을 받으면서 손가락과 발가락에 발진이 생긴다.

뇌: 혈전으로 인한 뇌졸중과 신경학적 문제가 발생한다.

코로나19는 신체 여러 부분에 영향을 미친다. 환자들은 이러한 증상의 일부를 경험하기도 하고, 이 모두를 다 겪기도 한다.

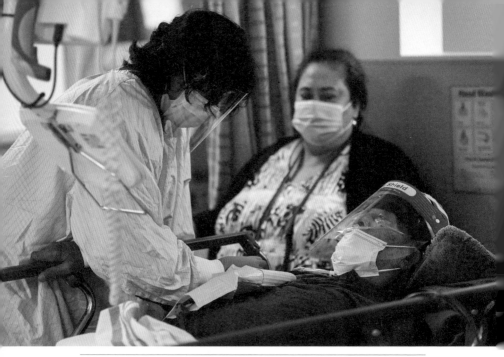

한 노인이 코로나19 치료의 하나로 혈액 투석을 받고 있다.

증거를 보였다는 사실은, 비록 코로나19가 가슴 통증 같은 전형적인 심장병 증상을 요란하게 보이지는 않더라도 대다수 환자들에게 심장 손상을 입혔다는 것을 의미합니다."라고 말했다. 심장 손상은 심장의 혈액 순환 기능에 심각한 영향을 미칠 수 있으며, 궁극적으로는 심장 기능 상실을 가져올 수도 있다.

또한 코로나19에 걸리면 신체의 모든 혈관에 혈전(핏덩이)이 생기기 쉽다. 혈전은 보통 다리에서 만들어져서 몸통 위로 이동하는 경우가 많다. 혈전이 폐에 이르면 환자는 숨을 쉴 수 없게 된다. 혈전이 심장에 이르면 심장마비를 일으킬 수 있다. 혈전은 폐와 심장을 지나쳐 뇌로 곧장 갈 수도 있다. 2020년 4월에 코로나19 팬데믹의 진원지였던 뉴욕에서 의사들은 많은 환자들이 뇌졸중으로 응급실에 실려 오는 모습을 발견했다. 뇌졸중은 혈전이 뇌로 이동해 발생하며, 뇌에서 말과 몸의 운동을 조절하는 부분을 손상시킬 수 있다. 뇌졸중은 대개 노인에게서 발견되며, 심하면 몸의 절반이 마비된다. 하지만 당시 환자들은 노인이 아니라 30대 또는 40대였다. 뇌에 도달하는 혈전 가운데는 뇌졸중을 일으키는 대신 정신 착란, 정신 이상, 치매, 뇌의 염증을 일으키기도 한다. 또한 혈전 때문에 발가락에 통증이 오거나 변색되고 부어오르는 등의 증상도 새로 확인되었다.

대학생 베서니 네스비트는 2020년 11월 초에 인디애나주에 있는 대학 기숙사에 머물다가 폐에 혈전이 생기는 바람에 갑자기 사망했다. 며칠 동안 몸이 아파서 자기 방에 격리되어 있던 차였다. 베서니의 오빠 스티븐 네스비트는 트위터에 다음과 같은 글을 올렸다. "우리 가족의 심장은 산산조각이 났습니다. 귀여운 여동생 베서니가 목요일 밤 기숙사에서 잠을 자던 중에 숨을 거뒀어요. 겨우 스무 살이었습니다. 동생은 코로나19 양성 반응이 나왔고, 사망 원인은 코로나19 환자의 일반적인 사인으로 널리 알려진 폐색전증(혈전이 폐에 들어가 생기는 증상)이었습니다."

의사들은 코로나19가 단순한 호흡기 바이러스가 일으키는 독감 같은 질병에 비해 예측하기가 훨씬 더 어렵다는 사실을 깨

코로나19에 대한 흔한 오해 5가지

오해1: '나이 든 사람들만 병에 걸린다.'

이유: 모든 연령대의 사람들이 코로나19에 걸릴 수 있다. 나이에 관계없이 기저 질환이 있다면 특히 더 위험하다.

오해2: '마스크를 써도 코로나19로부터 안전하지 못하다.'

이유: 품질이 좋은 마스크를 착용하면 코로나19에 걸릴 위험을 56% 줄일 수 있다.

오해3: '증상이 있는 사람과 밀접하게 접촉한 경우에만 코로나19에 걸린다.'

이유: 감염되었지만 증상이 거의 없거나 아예 증상이 없는 사람들도 다른 사람에게 코로나19를 옮길 수 있다.

오해4: '코로나19는 독감과 비슷하다.'

이유: 코로나19는 독감보다 훨씬 더 심각한 병이다. 2020년 가을에는 미국에서 암과 심장병 다음으로 세 번째로 많은 사망 원인이었다.

오해5: '백신이 보급되기만 하면 모든 사람이 예방 접종을 받을 수 있다.'

이유: 코로나19에 걸릴 위험이 가장 높은 사람들에게 우선적으로 백신을 제공한 다음, 백신을 맞고자 하는 모든 사람에게 백신을 제공한다.

달았다. 캐나다 서스캐처원대학교의 바이러스학자 앤절라 라스무센^{Angela Rasmussen}은 이렇게 말한다. "왜 이렇게 많은 질병이 나타나는지 알 수 없습니다. 다시 말하면 코로나19는 우리가 모르는 게 너무 많다는 의미에서 새로운 질병입니다." 의사들은 신종 코로나바이러스가 일으키는 수많은 증상들을 하나하나 인식하고 환자들을 치료할 방법을 찾기 위해 안간힘을 쓰고 있다.

코로나19의 치료

질병통제예방센터에 따르면 코로나19를 앓은 사람들 10명 가운데 8명은 증상이 가볍거나 중간 정도였고, 입원하지 않고 집에서 회복되었다. 코로나19에만 듣는 특정한 치료법은 팬데믹 초기 몇 달 동안 거의 사용되지 않았다. 독감 환자들을 낫게 하는 일부 치료법이 코로나19에도 도움이 되었다. 여기에는 충분한 휴식과 수분 섭취, 열과 통증을 완화하는 약물 복용이 포함된다. 이러한 조치들은 우리 몸의 면역계가 바이러스와 싸우는 동안 증상을 덜어 준다.

하지만 코로나19 환자 10명 가운데 나머지 2명은 심각한 증상을 보여 입원해야 했다. 이런 환자들은 몸속 수분을 유지하기 위해 정맥 주사를 맞는 것을 포함해 신체 기능을 도와주는 치료를 받았다. 음식을 먹을 수 없는 환자들은 위장으로 들어가는 관을 삽입하거나, 음식으로 섭취할 수 있는 영양분을 제공하는 특별한 정맥 주사를 맞아야 했다.

코로나19로 입원한 환자의 대부분은 산소가 필요했다. 팬데믹 초기에 의사들은 입원한 환자들 가운데 많은 사람이 체내 산소 농도가 매우 낮다는 사실을 발견했다. 의사들은 이런 환자들에게 진정제를 투여하고 삽관을 한 뒤 산소 농도를 높이기 위해 인공호흡기를 달았다. 삽관이란 의사가 코나 목구멍으로 호흡용 관을 삽입하고 기관과 폐까지 내려보내는 것이다. 이 관은 인공호흡기와 연결되어 있다. 인공호흡기는 환자의 폐로 압력을 가해 산소를 일정하게 공급한다. 이렇게 하면 산소 공급량이 늘지만 오랜 시간 진정제를 투여해야 하기 때문에 위험도 따른다.

의사들은 되도록 환자 몸을 덜 해치는 방식으로 산소를 공급하고자 했다. 콧구멍으로 들어가는 플라스틱 관인 코 삽입관으로 산소를 공급하는 방식이 그런 예였다. 또 환자들은 산소 마스크를 착용하거나 환자 머리에 딱 맞는 가압 후드를 쓴 채 산소를 공급받기도 했다. 이 후드는 삽관 못지않게 효과가 좋았고, 환자의 고통을 덜어 주었으며, 의료진의 일을 줄이는 데도 도움이 되었다. 가끔은 의료진이 환자에게 배와 얼굴을 바닥에 대고 엎드린 자세를 하게 해서 좋은 결과를 얻기도 했다. 이 자세는 폐에 미치는 심장과 횡격막의 압력을 감소시켰다.

많은 질병과 마찬가지로, 의사들은 환자에게 코로나19 증상을 치료하는 약도 처방해 주었다. 어떤 약은 그동안 꽤 오래 사용해 왔던 것이지만, 어떤 약은 임상 시험을 통해 안전하고 효과적인지 알아봐야 했다. 때때로 의사들은 코로나19 환자에게 흔하게 발생하는 혈전 문제를 예방하기 위해 헤파린 같은 혈액 희석제를 투여했다. 중환자에게 헤파린을 투여했을 때 사망 위험이 거

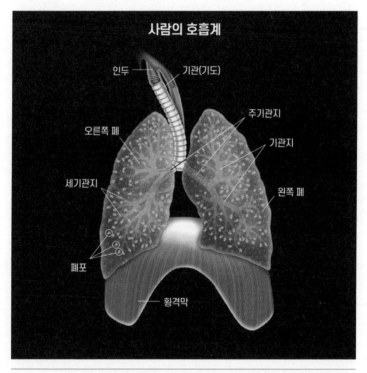

사람의 호흡계

인두
기관(기도)
주기관지
오른쪽 폐
기관지
세기관지
왼쪽 폐
폐포
횡격막

이 그림은 건강한 사람의 호흡 기관을 보여 준다. 코로나19에 걸리면 폐포가 공격을 받아 폐에 염증이 생기고 체액이 쌓인다. 또한 원래 폐에서 산소를 흡수해 몸의 나머지 부위로 분배하는 혈관을 혈전이 막기도 한다.

의 2분의 1로 줄었다.

한편 스테로이드 제제인 덱사메타손은 염증을 예방하는 데 도움을 주어 발목을 접지른 경우나 암에 이르기까지 다양한 질환에 사용되는 약이다. 의사들은 병세가 심각한 코로나19 환자들의 염증을 조절하고 과다한 면역계를 억제하기 위해 이 약을 사용했다. 때때로 우리 몸의 면역계는 바이러스 감염증과 맞서 싸우면서 지나치게 활성화되는데, 그러면 심한 경우 이득보다 손실이 많다. 한 연구에 따르면 코로나19 중증 환자들에게 스테로이드 제제를 투여하면 약을 투여받지 않은 환자들에 비해 사망 위험성이 34% 줄어들었다.

여러 해 동안 의사들은 간염과 에볼라 출혈열 같은 바이러스성 질병을 치료하기 위해 환자들에게 '회복기 혈장'을 투여했다. 혈장이란 적혈구를 제거한 뒤 남아 있는 혈액의 액체 성분이다. 최근 코로나19에 걸렸다가 회복된 사람들은 이 질병과 싸우는 과정에서 면역계에 의해 생성된 많은 항체를 혈액 속에 가지고 있었다. 그래서 과학자들은 회복된 환자의 혈장에 있는 코로나19 항체가 다른 환자의 몸속 바이러스를 물리치는 데 도움이 될 수 있다고 생각했다. 회복기 혈장은 임상 연구에 참여한 일부 코로나19 환자에게서 효과가 있는 것으로 나타났다. 그래서 2020년 8월, 미국 FDA는 긴급 사용 승인 절차를 거쳐 이 혈장의 사용을 허가했다. 그 후로 회복기 혈장은 코로나19로 입원한 환자들에게 다른 치료법이 없을 때 사용할 수 있게 되었다.

하지만 이 혈장은 이미 병원에 입원할 만큼 증세가 심한 환자들에게는 효과가 거의 없었다. 최근의 연구에 따르면 회복기 혈장은 진단 후 3일 이내에 코로나19의 증세가 심해질 위험성을 48% 줄였다. 이것은 코로나19 치료에 좋은 소식이지만, 아직 증상이 심해지지 않은 사람은 진단 후 곧바로 병원 진료를 받는 경우가 드물었다.

항바이러스제가 몇몇 질병을 치료하는 데 사용되기는 하지만 완전한 치료제는 아니다. 그러나 이 약제는 세포에서 새로운 바이러스의 생성을 늦춰, 질병의 지속 기간을 단축하고 합병증을 감소시킨다. 항바이러스제인 렘데시비르는 원래 간염약으로, 미국 제약사 길리어드 사이언스에서 개발되었다. 이 약은 바이러스 복제를 억제하는 효과가 있다. 렘데시비르는 사스와 메르스 환자를 치료하는 데 모두 효과적이었다. 의학 전문지 〈뉴잉글랜드 의학 저널〉에 발표된 한 연구에 따르면, 렘데시비르를 처방받은 코로나19 환자의 회복 기간은 11일인 데 비해 그렇지 않은 환자의 회복 기간은 15일로 더 길었다.

2020년 10월, 미국 FDA는 렘데시비르를 중증 코로나19 환자를 위한 치료제로 승인했다. 당시 FDA 국장이었던 스티븐 M. 한Stephen M. Hahn은 이렇게 말했다. "FDA는 전례가 없는 공중 보건 비상사태를 맞아 코로나19 치료제의 개발에 속도를 내고, 좀 더 빠르게 사용할 수 있도록 최선을 다하고 있습니다. FDA는 환자들이 되도록 빠르게 새로운 의약품을 쓸 수 있도록 계속해서 도울 예정이며, 그와 더불어 의약품이 실제로 효과가 있는지, 위험성에 비해 이익이 더 큰지 평가할 것입니다." 이것은 코로나19 치료제를 처음 공식적으로 승인한 사례였다.

파모티딘은 보통 속 쓰림을 가라앉히기 위해 사용되지만 증상이 가벼운 코로나19 환자의 치료제로도 쓰인다. 6000명 이상의 의료 기록을 검토한 결과, 파모티딘을 복용한 사람들은 코로나19로 인한 사망률이 13% 낮았다. 2020년 겨울에 이 약은 증세가 중간에서 심각한 정도에 이르는 코로나19 입원 환자를 대상으로 임상 시험을 진행했다. 과학자들은 파모티딘이 바이러스 효소와 결합해 바이러스의 복제를 방해하는 것으로 여긴다.

미국 제약사 리제네론은 코로나19 환자를 치료하기 위해 '항체 칵테일'을 개발했다. 칵테일 요법이란 여러 약을 섞어 환자에게 투여하는 방식을 말한다. 항체 칵테일은 두 가지 항체를 칵테일 요법으로 섞은 것이다. 연구자들은 먼저 코로나19에서 회복된 사람들로부터 항체를 분리해 냈다. 그리고 나서 인간과 면역계가 유사한 쥐들을 유전적으로 변형시켜 사스-코브-2에 노출시킨 다음, 코로나19와 싸우는 항체를 만들었다. 이 항체 칵테일은 예방 백신인 동시에 치료제가 될 수 있다. 하지만 생산하기가 까다롭고 매우 비싸다. 바이러스에 감염되었지만 아직 입원하지

임상 시험

임상 시험은 개발 중인 의약품이나 진단 및 치료 방법 따위의 효과와 안전성을 알아보기 위하여 사람을 대상으로 하는 시험이다. 사람들의 자발적인 지원으로 임상 시험이 진행되며, 다음과 같은 4단계를 거친다.

- **1단계: 이 의약품은 안전한가?** 소수의 건강한 지원자에게 의약품을 먼저 투여해서 안전성, 투여 용량, 부작용을 알아본다.

- **2단계: 이 의약품은 효과가 있는가?** 치료하려는 증상을 가진 사람들에게 의약품을 투여하고, 그 의약품이 안전하게 해당 증상을 완화하는지 평가한다.

- **3단계: 이 의약품을 시중에 나와 있는 약과 비교하면 어떤가?** 수천 명의 지원자에게 의약품의 효과와 부작용을 확인하고 같은 증상을 치료하는 다른 약들과 비교하기 위해 의약품을 투여한다. 이때 효과가 없는 가짜 약인 플라세보를 함께 투여해서 비교한다. 이 과정은 무작위적인 이중 맹검 방식으로 이루어진다. 이중 맹검 방식은 임상이 끝날 때까지 어떤 약을 투여했는지 모르게 진행하는 방식을 뜻한다. 그래서 환자와 연구자 둘 다 누가 진짜 약을 받고 누가 플라세보를 받았는지 모른다.

- **4단계: 의약품이 신약으로 승인된 뒤에 이루어진다.** 여러 해에 걸쳐 수천 명이 의약품을 투여받는 과정에서 연구자들은 장기적인 부작용이 없는지 살피고, 이 약을 사용하는 최선의 방법이 무엇인지 알아낸다. 이 기간에는 의사들이 원래 의도했던 것과 다른 목적으로 이 약을 사용할 수 있다.

않은 환자에게 이 항체 칵테일 치료제를 투여하면 입원이나 응급실 방문을 줄일 수 있다. 지금도 코로나19에 대한 항체 칵테일의 치료 효과를 결정하기 위한 임상 시험이 진행되고 있다. 몇몇 환자들은 FDA의 긴급 사용 승인 규정에 따라 이 약을 투여받기도 했다.

과학자들은 코로나19 치료제를 개발하기 위해 여러 약물을

한 간호사의 이야기

사이먼 해나-클라크(Simone Hannah-Clark)는 코로나19 팬데믹 기간에 뉴욕시의 한 병원 중환자실에서 일했던 간호사다. 해나-클라크는 일간지 〈뉴욕 타임스〉에 당시의 하루 일과에 대한 글을 기고했다.

"제 첫 번째 임무는 방금 사망한 코로나19 환자의 사후 처리였습니다. 우리 의료진은 지난 며칠 동안 이 여성 환자가 천천히 죽어 가는 모습을 지켜봤죠. 우리는 최선을 다했습니다. 병실에는 이제 저와 동료 간호사 한 명뿐이었습니다. 우울한 작업을 해야 했죠. 우리는 환자의 시신을 단단히 감싸고, 이마를 쓰다듬으며 명복을 빌었습니다. 제 동료는 조심스럽게 환자가 몸에 착용했던 장신구를 떼어 냈습니다. 아마도 환자의 딸이 이 유품을 원할 테니 말이죠. 아무도 여기에 들어올 수 없어서 우리가 이 환자의 소지품을 챙겨야 했습니다. 지갑, 수첩, 세면도구를 챙기고 있자니 가슴이 아팠습니다. 겨우 일주일 전까지만 해도 체리 향 립밤을 입술에 바르며 미래 계획을 세우던 사람이 이렇게 되었으니 말이죠."

연구하고 있다. 여기에는 인체 고유의 면역계를 강화하는 인터페론, 면역계의 과잉 반응을 통제하는 인터류킨, 그리고 현재 HIV 치료에 사용되는 항바이러스제가 포함된다. 또 FDA은 몇 가지 단일 클론 항체 약제를 승인하기도 했다. 이것은 실험실에서 만들어 낸 항체로 바이러스와 결합해 복제를 막는다.

2020년 말이 되면서 코로나19 환자들의 치료 성과를 얻을 수 있었다. 한 연구에 따르면 팬데믹이 처음 시작되었을 때 환자들은 4명 중 1명꼴로 사망했다. 하지만 그로부터 9개월 뒤, 치명률은 10분의 1도 되지 않았다. 이렇듯 개선이 이루어질 수 있었던 것은 몇 가지 요인 덕분이었다. 마스크 착용이 늘면서 환자들은 좀 더 적은 양의 바이러스를 흡입했고 증상도 약해졌다. 그에 따라 삽관을 하거나 인공호흡기를 사용하는 환자가 줄었다. 또한 의사들은 환자의 몸 전체에 혈전이 생길 위험성과 과도한 면역 반응의 징후를 더 쉽게 알아차리게 되었다. 이제 환자들은 표준화된 치료를 받게 되었다.

대통령, 위험하게 나서다

팬데믹 초기에 의료 전문가들은 코로나19를 어떻게 치료해야 하는지 잘 알지 못했다. 그래서 때때로 전문가들의 제안이 서로 모순되는 일이 생겼고, 고작 2주 뒤에 방침이 바뀌기도 했다. 놀랄

일도 아니었다. 사스-코브-2는 새로 등장한 바이러스였기 때문에 치료법에 대해 정해진 방침이 있을 리가 없었다. 그러나 전문가들이 공통으로 말할 수 있는 한 가지가 있다면, 적어도 환자 치료에 대해 권고할 때 당시 알려져 있던 과학 지식을 따랐다는 것이었다.

하지만 2020년 내내 트럼프 대통령은 백악관에서 코로나19 치료에 대한 여러 가지 제안을 멋대로 쏟아냈다. 이런 제안은 과학 지식에 바탕을 두지 않았다. 그 대신 근거도 알 수 없는 소문에서 나왔고, 어떤 경우에는 대통령의 선거 캠페인에 큰돈을 기부한 사람들에게 이득을 주는 것이었을 수도 있다.

클로로퀸과 히드록시클로로퀸은 모기가 옮기는 작은 기생충에 의해 발생하는 질병인 말라리아의 치료제로 지난 수십 년 동안 사용되어 왔다. 2020년 2월, 트럼프 대통령은 미국 거대 소프트웨어업체인 오라클의 회장 래리 엘리슨Larry Ellison이 후원하는 기금 모금 행사에 참석했다. 트럼프 행정부의 담당자 몇 명이 일간지 〈뉴욕 타임스〉와 인터뷰한 내용에 따르면, 엘리슨은 정부에서 사용을 승인하기 전에 트럼프 대통령이 사람들에게 널리 알렸던 두 종류의 말라리아 치료제를 포함해 검증되지 않은 코로나바이러스 치료제를 홍보하기 위한 목적으로 백악관에 소프트웨어를 제공했다.

몇 주 동안 트럼프 대통령은 언론과의 인터뷰나 트위터에서

2020년 4월 백악관 브리핑에서 도널드 트럼프 대통령은 코로나바이러스에 대항하기 위해 소독제를 섭취하거나 몸에 주입하는 게 어떤지 물었다.

줄곧 그 약을 이야기했다. 트럼프는 이 약들이 '상황을 뒤바꿀 만한 물건'이라고 말하며, FDA에서 이것을 치료제로 승인해야 하고, 이 약을 당장 사용할 수 있게 할 예정이라고 밝혔다.

　하지만 클로로퀸은 심장에 문제를 일으키거나 신장과 간을 손상시킬 수 있다. 의사들은 이런 부작용 때문만이 아니라 말라리아를 일으키는 기생충이 약에 내성을 갖게 되면서 이 약을 이제 사용하지 않는다. 미국 보건복지부의 최고 책임자인 릭 브라이트Rick Bright는 정치적으로 이해 관계에 있는 사람들이 검증되지도 않은 위험한 약물을 승인해 달라며 제공하는 자금을 백악관이 받는 데 동의하지 않아 쫓겨났다.

　한 의학 잡지는 여기에 대해 이렇게 정리했다. "히드록시클로로퀸은 코로나19의 예방과 치료를 위해 하는 수 없는 경우에만 사용되어 왔다. 하지만 이 약은 광범위한 약물 간 상호 작용을 일으키며 심장 독성을 갖고 있어 잠재적으로 심장에 손상을 일으킨다. 관리 감독 없이 무분별하게 이 약을 사용하다가는 심각한 부작용을 가져올 수 있다."

　이러한 경고에도 불구하고 트럼프 대통령은 히드록시클로로퀸을 복용했고, 자신은 이상이 없다고 말했다. 하지만 운이 좋았을 뿐이었다. 2020년 3월 애리조나주에 사는 한 부부가 클로로퀸인산염을 복용하고 나서 아내는 입원했고 남편은 숨을 거뒀다. 클로로퀸인산염은 이들이 양어장에서 수조를 세척하는 데 사용하고 있었다. 아내는 트럼프 대통령이 텔레비전에서 말하는 내용을 듣고 클로로퀸인산염을 복용했다고 밝혔다. "대통령이 그게 기본적으로 치료제나 다름없다고 줄곧 말했거든요."

　또 트럼프 대통령은 2020년 4월 백악관 브리핑에 참석해 손세정제를 비롯한 소독제가 바이러스를 얼마나 효과적으로 죽이는지 언급하면서 이렇게 말하기도 했다. "1분, 고작 1분 만에 소독제가 바이러스를 박살 내 버립니다. 이것처럼 몸속에 주사를 놓아 청소하듯 바이러스를 싹 쓸어 낼 수 없을까요? 폐 속에 들어가면 엄청난 영향을 미칠 테니 실제로 어떤지 한번 확인해 보는 것도 흥미로울 듯합니다."

　하지만 소독제를 섭취하면 독성이 있을 수 있다. 미국 독극물관리센터는 코로나19를 예방하기 위해 소독제를 마시는 것에 대해 문의하는 사람이 크게 늘었다고 보고했다. 미국 전역에서 사람들은 표백제, 소독제, 알코올 따위를 삼키거나 입안을 헹구거나 코 안쪽을 씻어 내다가 종종 심각한 손상을 입었다. 질병통제예방센터는 손 소독제를 마신 15건 이상의 사례에 대해 보고했다. 그 가운데 4명이 목숨을 잃었고, 나머지 사람들은 발작을 일으키거나 시력을 잃었다. 의사들은 트럼프 대통령의 브리핑이 화근이 되었다고 여겼다.

　소독제에 대해 논의한 브리핑에서 트럼프 행정부의 한 직원은 햇빛과 같은 환경적 요인이 물체의 표면이나 공기 중의 바이러스에 어떤 영향을 미치는지에 대한 연구가 진행되고 있다고 언급했다. 그러자 트럼프 대통령은 한 걸음 더 나아가 이렇게 말했다. "자외선이든 아주 강력한 빛이든 엄청난 양이 우리 몸에 부딪힌다고 가정하면, 내 생각에 여러분은 아직 확인되지 않았다고 말할 테지만 언젠가 시험해 볼 겁니다. 그러면 나는 이렇게 말하겠죠. 피부를 통해서든 다른 방법으로든 몸속에 빛을 갖고 들어오는 게 가능하다고요." 하지만 이런 요법은 코로나19에 대한 검증된 치료법이 아니다.

　2020년 8월에 미국의 한 침구류 회사 설립자이자 트럼프의 주요 재정 후원자인 마이클 린델Michael Lindell은 '협죽도'라는 식물로 만든 올레안드린을 코로나19 치료제로 홍보했다. 협죽도는 지구상에서 가장 독성이 강한 식물 가운데 하나다. 일부 전통 의학계에서 심장 관련 문제를 치료하기 위해 올레안드린을 활용하지만, 코로나19에 대한 제대로 된 치료약은 아니다. 하지만 트럼프는 FDA가 이 약을 정식으로 임상 시험도 하지 않고 곧바로 승인하기를 바랐다. 그러자 사람들은 이 약에 관심을 갖고 복용을 고려하게 되었다. 당시 구글 검색어에 '올레안드린 구입'이라는 문구가 크게 늘었다.

조지아주 에모리대학교의 의료식물학자인 카산드라 퀘이브Cassandra Quave는 여기에 대해 이렇게 말했다. "협죽도를 섭취했다가 인간과 가축이 목숨을 잃었다는 보고가 과학 학술지와 의학 학술지에 100건 이상 존재합니다. 올레안드린은 협죽도의 주요 화학 성분이죠. 협죽도의 위험성은 오래전부터 여러 연구 팀에 의해 잘 알려져 있습니다."

트럼프 대통령의 잘못된 주장, 잘못된 가정, 그리고 신약 승인을 위해 확립된 과학적 검증 과정을 아무렇지 않게 무시하려는 그의 태도는 많은 사람들을 위험에 빠뜨렸다. 그뿐만 아니라 과학자들은 제대로 된 정보를 알지 못하는 대통령에게 올바른 정보를 알리기 위해 귀중한 시간을 들여야만 했다. 환자를 돌보거나 연구를 하면 더 좋았을 아까운 시간이었다.

질병통제예방센터 소장들이 목소리를 높이다

2020년 7월, 세계적으로 명성이 높은 미국 질병통제예방센터의 전임 소장 네 명이 일간지 〈워싱턴 포스트〉와 인터뷰를 가졌다. 톰 프리든[Tom Frieden], 제프리 코플란[Jeffrey Koplan], 데이비드 새처[David Satcher], 리처드 베서[Richard Besser]는 다음과 같이 말하면서 이야기를 시작했다. "우리는 그동안 질병통제예방센터를 운영했습니다. 지금까지 트럼프처럼 과학을 정치적으로 놀아나게 한 대통령은 한 사람도 없었습니다."

66 ————————————————————————

저희 네 명은 15년 넘게 질병통제예방센터를 이끌었습니다. 공화당과 민주당 행정부를 모두 겪었죠. 하지만 우리의 재임 기간을 통틀어, 정치적 압력이 과학적 증거의 해석에 변화를 불러일으키는 일은 단 한 번도 없었습니다. 질병통제예방센터는 수십년 동안 HIV, 지카 바이러스, 에볼라 바이러스 같은 치명적인 병원균들과 싸워 온 전문가 수천 명이 일하는 곳입니다. 이 전문가들은 미국이 최대한 안전하게 이 위기를 벗어날 수 있도록 가장 잘 배치되어 일하는 사람들이죠. 하지만 불행히도, 미국 국민들이 지도력과 전문성, 명확성을 필요로 하는 시기에 전문가들의 건전한 과학 지식은 당파 논리에 따른 무차별 사격 탓에 사람들에게 오히려 혼란과 불신을 퍼뜨리고 있습니다. 심지어 전국의 보건 담당자들에 대한 반발을 불러일으켰죠. 담당자들은 괴롭힘을 당하거나 위협을 받고, 국민들이 가장 필요로 할 때 자리에서 물러나도록 강요받았습니다. 이것은 정당하지 않을뿐더러 위험한 일입니다.

— 99

이들 전문가들은 이어서 공중 보건 지침을 무시한 것이 미국에서 확진자와 사망자를 급증하게 만들었다고 말했다. "미국은 현재 코로나바이러스가 일으킨 팬데믹에서 전 세계적인 특이 사례가 되었습니다. 지금 어느 나라보다도 확진자와 사망자가 많습니다."

이것은 아무리 세계에서 가장 부유한 나라라 해도 종합적인 감염병 관리 지침이 없다면 이런 일이 일어날 수 있다는 걸 보여주는 예다.

8장

백신 접종만이
한 줄기 희망

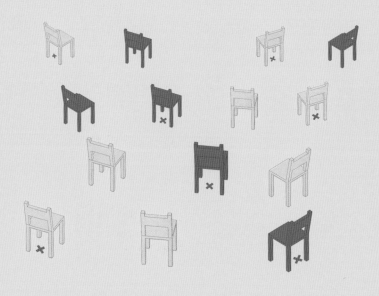

우리는 코로나바이러스 백신 없이는 다시 정상으로 돌아가지 못한다. 이 위기에서
벗어나기 위한 전략은 백신을 만들어 전 세계에 보급하는 것뿐이다.

-피터 피오트(Peter Piot), 영국 런던 위생·열대의학대학원 원장, 2020년

코로나19 확진자 수는 잠시 동안 안정되는 것처럼 보였지만, 2020년 늦가을과 겨울을 맞으면서 환자가 급격히 늘어나기 시작했다. 전문가들은 겨울이 오면 전국적으로 날씨가 추워지고 사람들이 실내에 머무는 날이 많아지면서 확진자가 급증하는 3차 대유행이 올 것이라고 이미 예측했다. 실내에 있다 보면 사람들은 서로 밀접하게 접촉하는 시간이 길어져 코로나19에 걸릴 위험이 증가한다. 엎친 데 덮친 격으로 미국에서 가을과 겨울에는 추수 감사절을 시작으로 겨울 방학까지 휴일이 많아 확진자는 더 많아졌다. 사람들은 팬데믹 이후로 가장 많이 여행을 떠났다. 미국 국립알레르기·감염병연구소 소장 앤서니 파우치를 비롯한 보건 전문가들은 사람들에게 앞으로 몇 달만 더 집에 머물러 달라고 부탁했다. 과로로 지친 병원 관계자들도 여행을 자제해 달라는 간청에 함께했다. 그런데도 수백만 명이 가족이나 친구들과 시간을 보내기 위해 집을 떠났다.

환자가 다시 늘어나는 겨울

미국에서 코로나19의 확진자가 급증한 3차 대유행은 2020년 늦가을에서 겨울, 그리고 2021년까지 대부분의 주를 강타했고 확진자 수를 사상 최고치로 끌어올렸다. 이렇게 확진자가 많아지면서 입원하는 사람도 늘었고, 중환자실은 증세가 매우 심한 환자들로 넘쳐났다. 미국은 바이러스와 싸우는 과정에서 다른 나라들보다 뒤처졌다. 몇몇 유럽 국가들 또한 초겨울에 확진자가 급증했지만 재빨리 통제했다. 미국 인구는 전 세계 인구의 4.25%에 불과하지만, 2021년 1월 중순까지 전 세계 코로나19 확진자의 약 25%가 미국에서 발생했다. 전 세계의 부유한 국가들 대부분은 미국에 비해 코로나19를 훨씬 더 잘 통제했다.

미국 인터넷 매체 〈복스〉의 건강 분야 수석 기자인 저먼 로페즈German Lopez는 당시의 상황을 이렇게 말했다. "이번 일은 미국의 지도자들과 국민이 바이러스를 심각하게 받아들이지 않고 너무 일찍 방심해 버렸기 때문에 일어난 거죠. 도널드 트럼프 대통령의 지원 아래 몇몇 주들이 봉쇄령을 해제했습니다. 국민들도 이런 조치를 받아들여 마음껏 외출했으며, 사회적 거리두기나 마스크 착용 같은 예방 조치를 따르지 않는 경우가 다반사였습니다. 전문가들은 왜 여러 주에서 코로나바이러스를 통제하기 위해 여전히 애쓰고 있느냐 하면 정부가 조치를 그만두고 국민들도 현재 상태에 안주하기 때문이라고 설명했습니다."

매일 확진자가 급증했다. 하지만 팬데믹이 악화되고 있다는 사실을 믿고 싶지 않은 사람들은 이런 일이 벌어지는 이유가 예전보다 코로나19 검사를 받는 사람이 많아졌기 때문이라고 했다. 물론 그것도 사실이다. 직장인, 학생, 교사, 운동선수들은 며칠에 한 번씩 검사를 받는 경우도 많았다. 하지만 양성률은 검사를 받은 사람들 가운데 코로나19 양성으로 판명된 사람들의 비율이었다. 이 양성률이 아이다호주에서는 58.8%, 펜실베이니아주에서는 39%, 미네소타주에서는 8.7%로 제각각이었다. 양성률이 높을수록 코로나19 감염자 수가 증가한다. 2021년 1월 말까지 미국인 820명 가운데 1명 이상이 코로나19로 사망했다. 그리고 2021년 초봄까지 코로나19는 50만 명 이상의 미국인들을 죽음에 이르게 했다. 이 숫자는 제2차 세계대전(1939~1945), 베트남 전쟁(1954~1957), 한국 전쟁

2021년 1월 중순까지 미국에서 하루에 코로나19로 죽는 사망자는 4000명을 넘어섰다. 2020년에 미국의 코로나19 확진자가 200만 명에 도달하는 데는 90일이 걸렸는데, 2021년 3월에는 확진자가 2900만 명에 달했다.

(1950~1953)에서 사망한 미국인들을 모두 합친 것보다도 많았다. 2021년 2월 중순까지 코로나19 확진자는 2800만 명을 넘어섰다. 게다가 증상이 가벼운 사람은 진단을 받지 않는 경우도 많기 때문에 실제 감염자는 더 많았을 것이다.

코로나19 확진자가 크게 늘면서 중환자실 입원 환자의 비율도 매우 높아졌다. 2021년 1월 초가 되자 미국 병원의 코로나19 환자는 13만 1000명에 이르렀다. 어떤 도시에서는 중환자실 병상이 가득 찼으나 증세가 가장 심한 코로나19 환자는 중환자실에서만 제공할 수 있는 수준의 치료가 필요했다. 예컨대 캘리포니아주는 지역에서 중환자실 병상을 얼마나 사용할 수 있는지에 따라 봉쇄의 수준을 조정했다. 다시 말해 그 지역에서 사용 가능한 중환자실 병상이 적을수록 더 엄격한 제한과 봉쇄가 이뤄졌다. 미국 전역의 병원에서는 엄청나게 힘든 환경에서 긴 시간 일하는 바람에 지친 의료계 종사자들이 넘쳐났다. 환자들은 전화나 노트북으로 영상 통화를 하는 것 말고는 가족을 직접 만나지도 못하고 죽었다. 죽는 순간 간호사가 곁에 있다면 운이 좋은 경우였다. 미국 의료 시스템이 금방이라도 무너질 듯한 위험에 빠졌다.

상황은 점점 더 나빠졌다. 심장마비나 뇌졸중, 심각한 교통사고를 당한 환자들이 응급 치료를 받는 데 어려움을 겪었다. 로스앤젤레스에서는 구급차가 환자를 병원으로 이송하기 위해 8시간 동안 줄을 서서 기다리는 경우도 있었다. 병원에 자리가 나지 않았기 때문이다. 미국 전역의 병원에서는 생존 가능성이 그나마 높은 사람들에게 의료 서비스를 제공해야 한다는 말이 나오기 시작했다. 응급 의료 기술자들은 심장 박동이 멈춘 뒤 집에서 다시 소생하지 못하는 환자는 병원에 데려올 필요도 없다는 지시를 받았다. 어떤 도시에서는 응급 의료 기술자들이 훈련된 간호사나 의사와 함께 중환자실에서 환자들을 직접 보살폈다. 병원 영안실에는 시신이 넘쳐서 둘 자리가 없는 바람에 냉장 트럭에 실어서 보관하기도 했다. 병원과 구급대원들에게는 환자의 생명을 구할 산소가 충분히 지급되지 못했다. 그리고 1월에는 사스-코브-2의 새로운 변이가 퍼지기 시작했다. 이 돌연변이는 전염성이 더욱 강했지만 코로나19보다 더 심각한 증세를 일으키지는 않는 것 같았다.

미국 경제는 어느 때보다도 환자가 급증하는 겨울철에 심한 타격을 입었다. 이즈음 문을 연 회사들은 다시 문을 닫을 수밖에 없었다. 식당에서는 더 이상 가게 안에서 음식을 제공할 수 없었고, 포장이나 배달만 가능해졌다. 실업률이 증가했고, 사람들의 실업 수당은 기한이 끝나 갔다. 몇 개월의 협상 끝에 국회의원들은 새로운 경기 부양책을 통과시켰다. 팬데믹 초기에 통과된 여러 지원책들처럼 관대한 것은 아니었다. 하지만 소득에 따라 한 사람당 최대 600달러(우리 돈으로 약 70만 원)가 지급되었고, 주당 300달러(우리 돈으로 약 35만 원)의 실업 수당, 중소기업 자금 지원, 식비와 임대료 지원, 백신 보급이 포함되었다.

코로나19 백신은 어떻게 빨리 개발되었나?

2020년 12월, 백신이 개발되었다는 좋은 소식이 끔찍한 고통의 한가운데서 희망을 주었다. 특정 질병에 걸리지 않게 보호하는 약제인 백신은 지난 200년 동안 사용되었다. 1796년 영국의 외과 의사 에드워드 제너Edward Jenner는 여덟 살 사내아이의 팔에 상처를 내 우두 환자의 고름을 문질러 넣는 실험을 했다. 소의 젖을 짜는 사람들은 천연두와 비슷한 가벼운 질병인 우두에 걸리곤 했는데, 놀랍게도 한번 우두에 걸린 사람들은 천연두에 거의 걸리지 않았기 때문이다. 제너는 나중에 그 아이의 몸에 천연두 환자의 고름을 집어넣었고, 아이가 천연두에 걸리지 않았다는 사실을 발견했다. 그로부터 2년 뒤 최초의 천연두 백신이 개발되었다. 그 뒤로 150년 동안 과학자들은 탄저병, 파상풍, 페스트, 독감을 비롯해 여러 세기 동안 수백만 명을 병들게 하고 목숨을 빼앗았던 심각하고 치명적인 질병들을 물리치기 위한 백신을 개발했다.

어떤 백신은 개발하는 데 무척 오랜 시간이 걸렸다. 만들어지기까지 20년이나 걸린 소아마비 백신이 그랬다. 하지만 전 세계 정부들이 될 수 있는 대로 빨리 코로나19 백신을 개발하기 위해 집중적으로 노력했기 때문에 코로나19 백신은 그보다는 훨씬 짧은 기간 안에 준비되었다. 과학자들은 2020년 초부터 수십 종류의 코로나19 백신 후보를 연구해 왔다. 미국, 유럽, 중국에서 38개의 임상 시험이 실시되었다. 미국에서는 질병통제예방센터, 국립보건원, 국방부를 비롯한 여러 기관이 협력하는 '워프 스피드 Warp Speed' 작전이 이뤄졌다. 이 작전의 목표는 안전하고 효과적인 수백만 회 분량의 백신을 생산해 사람들에게 접종하는 것이었다.

워프 스피드 작전을 계획한 사람들은 안전성과 효능에 대한 기준을 지키면서 코로나19를 예방하는 백신의 개발과 보급에 속도를 높이려 했다. 백신이 그렇게 빨리 만들어질 수 있었던 것은 다음의 여러 요인 덕분이었다.

- 전 세계 각국 정부가 백신을 개발하도록 전례 없이 큰 금액을 지원했다.
- 과학자들이 아무것도 없는 백지 상태에서 개발을 시작한 것은 아니었다. 그동안 사스-코브-1과 메르스-코브를 겪으며 코로나바이러스 연구가 많이 이루어졌기 때문에 사스-코브-2는 어느 정도 친숙했다.
- 2014년부터 2016년까지 전 세계적으로 발생한 에볼라 출혈열로 1만 명 이상이 사망했다. 그에 따라 몇몇 나라는 그다음에 발생할 팬데믹이 무엇이 되든 미리 대처 방안을 세웠다.
- 중국 과학자들은 2019년 말에 사스-코브-2의 유전자 코드를

발견해 2020년 1월에 전 세계 다른 과학자들과 공유했다.

- 가장 중요한 요인은, 과학자들이 지난 몇 년 동안 바이러스와 싸우는 항체를 만들기 위해 바이러스 유전자 코드의 일부를 활용해 인체의 면역계를 자극하는 방식을 발견했다는 점이다. 이 방식을 채택한 결과 빠른 시간 안에 새로운 백신을 만들 수 있었다.

몇몇 사람들은 백신을 너무 성급하게 개발한 나머지 제대로 만들지 못했을 것이라고 걱정하기도 했다. 팬데믹 초기에는 대략 미국 국민의 4분의 3이 백신을 구할 수 있다면 접종할 것이라고 말했지만, 백신이 출시된 12월에는 그 수가 절반으로 떨어졌다. 사람들은 백신이 지나치게 빨리 개발되었기 때문에 실제로 효과는 없을지도 모른다고 우려했다. 이런 사람들을 위해 미국 보건복지부는 새로운 백신이 안전한 이유를 설명했다. 먼저 의약품의 안전성과 효능을 확인하는 임상 시험의 1단계와 2단계를 조정해 전체 과정이 좀 더 빨리 진행되도록 했다. 또 제약 회사가 개발 규정을 자체적으로 결정하는 전통 방식과 다르게 정부에서 임상 시험을 직접 감독했다. 그리고 임상 시험이 이뤄지는 동안에 백신의 제조도 함께 진행되었다. 이 개발 과정은 성급하고 위험한 지름길이 아니었다. 당시 FDA 국장 스티븐 M. 한은 9월 상원 청문회에서 "FDA가 직원들이 가족에게 줄 자신이 없는 백신은 허가하거나 승인하지 않을 것"이라고 말했다.

위프 스피드 작전에 거의 110억 달러를 투자한 미국 정부는 모든 사람이 이 백신을 맞을 수 있으며, 무료거나 비용이 거의 들지 않을 것이라고 말했다. 2020년 늦가을에는 미국 정부의 자금 지원을 받는 네 군데의 제약 회사가 3단계 임상 시험에 들어갔다.

백신 음모론

새로운 백신이 나오면서 코로나19 백신 접종이 위험하다고 주장하는 새로운 음모론도 고개를 내밀었다. 퓨 리서치 센터의 조사에 따르면 미국 국민의 71%는 코로나19가 권력자들에 의해 의도적으로 계획되었다는 음모론을 접한 적이 있었다. 그리고 이 소문을 들은 사람들 가운데 3분의 1은 그것이 분명 맞는 말이거나 아마도 사실일 것이라고 답변했다. 실제로는 당연히 그렇지 않았다. 하지만 NPR 방송에 따르면 한 음모론은 코로나19 팬데믹이 빌 게이츠 같은 전 세계적인 엘리트 계층이 일부러 만들어 낸 계획이라고 주장했다. 무선 통신망의 신기술인 5G에 의해 활성화되는 추적 칩과 함께 백신을 출시하기 위해서라는 것이다.

음모론을 연구하는 워싱턴대학교 위기정보학 연구원 케이트 스타버드(Kate Starbird)는 이것과 비슷한 음모론이 이미 있었다고 말한다. "부자들이 계속해서 세상을 지배하기 위해 나쁜 짓을 저지르고 있다는 음모론이죠. 그 대상은 한때 억만장자 조지 소로스였습니다. 이번에는 빌 게이츠로 바뀌었죠."

투자는 효과가 있었다.

독일의 협력사인 바이오엔테크와 함께 백신을 개발한 미국 제약 회사 화이자는 FDA로부터 코로나19 백신 승인을 받은 최초의 회사였다. 이 백신을 두 번 맞으면 코로나19를 예방하는 데 약 95%의 효과가 있는 것으로 나타났다. 이 백신의 단점이라면 무척 낮은 온도에서 저장해야 한다는 것이었다. 뉴욕의 병원 중환자실에서 일하는 흑인 간호사 샌드라 린지가 2020년 12월 14일 미국에서 최초로 코로나19 백신을 맞았고, 그 모습이 텔레비전에 중계되었다. 린지는 백신이 안전하지 않다고 여기는 수많은 흑인들을 안심시키고 싶었다. "그것이 오늘의 제 목표였죠. 백신을 첫 번째로 맞은 것이 중요하다기보다는 대개는 백신에 회의적인, 저와 비슷하게 생긴 사람들에게 백신을 맞아도 된다고 말하고 싶었습니다."

모더나에서 개발된 또 다른 백신 역시 두 번 접종해야 했다. 이 백신도 거의 95%의 예방 효과가 있는 것으로 나타났다. 차이가 있다면 화이자 백신처럼 특별한 취급이나 배송이 필요하지 않다는 점이었다. 모더나는 FDA의 승인을 받은 이후 2020년 12월 말부터 백신을 유통하기 시작했다. 영국 제약 회사 아스트라제네카와 옥스퍼드대학교도 함께

"이번 코로나19 백신 접종이 인류 역사상 가장 복잡하고 규모가 큰 예방 접종 프로그램이 되리라는 건 의심의 여지가 없습니다."

-켈리 무어(Kelly Moore),
밴더빌트대학교 보건정책학 교수, 2020년

미국 제약 회사 화이자의 연구진들이 실험 결과를 분석하는 모습. 그 결과에 따르면, 화이자 백신을 1차 접종하면 코로나19에 감염될 위험이 75% 감소한다.

작업해 두 번 접종해야 하는 또 다른 백신을 만들었다. 이 백신은 약 90%의 예방 효과를 보였다. 또 미국 제약 회사 존슨앤드존슨에서 한 번만 접종하며 약 66%의 예방 효과를 보이는 백신을 개발했고, 2021년 2월 27일 FDA의 승인을 받았다. 주사를 한 번만 맞아도 된다는 점은 주사 맞기를 꺼리는 사람들에게 장점으로 작용했다. 그리고 외딴 지역이나 노숙자에게 백신을 보급할 때도 한 번만 맞는 백신이 더 편리했다.

이런 여러 백신들은 어린이나 청소년, 임신부, 아기에게 모유를 먹이는 여성을 대상으로 시험하기 전부터 사람들에게 접종되기 시작했다. 게다가 임상 시험 중에 플라세보(가짜 약)를 접종받은 사람들이 나중에 백신을 맞아야 하는지, 만약 맞는다면 장기적인 결과를 왜곡하게 되는 게 아닌지도 불분명했다. 여기에 더해 과학자들은 사람들이 백신을 맞고 나서 얼마나 오랫동안 코로나19에 면역력이 있을지 아직 알지 못했다. 아마도 독감 백신처럼 면역이 짧은 기간만 지속될 가능성이 매우 높으며, 그렇다면 사람들은 해마다 백신을 맞아야 할 것이다. 하지만 과학자들은 백신이나 어떤 의약품이 비록 단기간에만 심각한 질병을 예방하거나 병에 가장 취약한 사람들만 보호한다고 해도, 그것은 여전히 이번 팬데믹의 판도를 바꾸는 데 중요한 역할을 할 것이라고 내다본다.

그런데 믿을 만한 백신을 만들었다고 해서 일이 다 해결되는 것은 아니다. 백신을 잘 공급하고 분배해야 하는 문제가 남는다. 미국만 해도 인구가 약 3억 3200만 명이며, 전 세계 인구는 70억 명이 넘는다. 백신에 따라 1차 또는 2차에 걸쳐 접종을 해야 하며, 백신 제조업체는 엄청나게 많은 양의 살균 약병과 주사기를 생산해야 했다. 더 중요한 것은 백신을 전 세계 모든 사람에게 전달하는 일이다. 세계백신면역연합GAVI의 대표 세스 버클리Seth Berkley는 이렇게 말한다. "구석구석 모든 곳이 안전해야만 전 세계가 안전해질 것입니다. 비록 일부 지역에서 질병의 확산세가 주춤하거나 더는 확산되지 않는다고 해도, 다른 지역에 바이러스가 대규모로 돌고 있다면 당연히 바이러스가 다시 전파될 위험성이 있습니다."

미국에서는 백신이 물류 회사 UPS와 페덱스의 특별 항공편으로 미국 전역에 배급되면서 백신에 대한 신뢰도가 올라갔다. 2020년 12월 14일부터 미국에서 백신이 배포되기 시작했다. 전국에 희망이 조금씩 꽃을 피웠다. 코로나19 팬데믹의 끝이 눈앞에 다가왔으면 하는 희망이었다. 하지만 백신을 생산하고 보급하는 속도가 예상에 훨씬 못 미치면서 희망은 조금씩 빛이 바랬다. 미국은 3억 3200만 명 넘는 국민들에게 전부 백신 접종을 할 준비가 되어 있지 않은 듯했다. 인력과 생산 체계가 제대로 조정되지 않았기 때문이다. 많은 주에서는 예약 웹사이트가 다운되었다. 어떤 곳에서는 노인들이 수 킬로미터에 걸쳐 늘어선 차량 행렬 속에서 몇 시간, 심지어는 밤새 접종을 기다렸다. 백신이 부족해 백신을 접종할 병원이 문을 닫은 사례도 있었다.

백신은 냉동 상태에서는 6개월까지 보관할 수 있지만 일단 해동하고 나면 유통 기한이 약 5일이다. 미국의 각 주와 연방의 규정에 따르면 5일 안에 사용하지 못한 백신은 폐기해야 했다. 의료계 종사자들은 되도록 많은 백신을 사람들에게 접종하려고 애썼지만, 백신을 제때 맞을 수 있는 사람보다 유통 기한이 끝나 가는 백신이 많은 경우가 더러 생겼다. 그에 따라 수천 개, 어쩌면 수백만 개의 백신이 버려졌을 것이다. 그런데도 2021년 2월 23일까지 13.4%의 미국 국민이 1차 백신을 접종했고, 6%는 2차 백신까지 접종을 마쳤다. 각 주에 배포된 백신 가운데 거의 80%가 접종되었다. 나머지 20%는 운송하고 있거나 냉동 저장소에서 대기하는 중이었다.

누가 백신을 먼저 맞아야 할까?

존스홉킨스대학교 보건안보센터의 감염병학자인 제니퍼 누조 Jennifer Nuzzo는 2020년 10월에 이렇게 말했다. "우리가 생각해야 할 것은 백신을 개발하기 위한 과학 지식뿐만이 아닙니다. 백신이 필요한 사람들에게 백신을 제공하기 위해 어떻게 해야 하는지도 고민해야 합니다." 미국 질병통제예방센터와 국립의학회 같은 기관에서는 이 문제를 해결하기 위해 계획을 세웠다. 그 계획은 단계별로 백신을 사람들에게 할당한다는 것이다. 다른 백신의 경우, 보통 누가 가장 먼저 접종을 받을지 누가 가장 나중에 접종받을지 문제가 되지 않았다. 예를 들어 독감 백신은 접종을 받고 싶은 모든 사람에게 충분히 보급될 수 있다. 하지만 코로나19 백신은 적어도 초기에는 공급이 제한될 것이고, 수천만 명이 먼저 접종을 받아야 한다.

이 계획의 전체적인 목표는 중증 환자와 사망률을 줄이고, 코로나19가 사회에 미치는 영향을 줄이는 것이다. 궁극적인 결정은 각 주에 달려 있었지만 일반적으로 각 주는 다음과 같은 순서로 백신을 접종했다.

- 의료계 종사자, 장기 요양 시설 거주자, 그리고 75세 이상의 노인(일부 주에서는 65세 이상)
- 응급 구조 요원과 기저 질환이 있어서 감염 위험이 훨씬 높은 모든 연령대의 사람들
- 교사와 교직원, 보육 종사자, 고위험 환경의 필수 인력, 감염 위험이 높은 모든 연령대의 사람들, 노숙자 보호소에 머무는 사람들, 신체 및 정신 건강에 장애가 있는 사람들, 교도소 재소자, 아직 백신을 접종받지 못한 모든 노인
- 앞 순서에서 백신을 접종받지 못한 16세 이상의 모든 사람들
- 16세 미만의 어린이와 청소년

집단 면역이란 무엇일까?

백신 접종만이 질병에 면역력을 갖는 유일한 방법은 아니다. 홍역 백신과 수두 백신이 널리 접종되기 이전에 사람들은 어렸을 때 그 병에 걸린 적이 있었을 것이다. 이때 병과 싸우기 위해 몸에서 만들어진 항체는 평생은 아니어도 수십 년 동안 병에 맞서는 면역력을 주었다. 이런 사람들과 홍역 또는 수두 백신을 맞은 사람들이 집단 면역이 가능하게 했다. 집단 면역이 이루어지면

특정 비율의 사람들이 질병에 면역력을 가지면서 그 질병이 사람들 사이에 전파되는 게 어려워진다. 그러면 면역이 된 사람들뿐 아니라 공동체 전체가 그 질병으로부터 보호를 받는다.

의사들은 코로나19에 한 번 감염되고 나면 미래의 감염에 면역력이 생긴다는 사실은 알고 있었다. 하지만 홍역이나 수두와는 달리 코로나19의 면역력이 얼마나 오래 지속되는지는 알려지지 않았다. 몇몇 사람들은 코로나19에 두 번 감염되기도 했다. 과학자들은 사람들이 알고 있는 것보다 실제로는 이런 일이 더 자주 일어나리라 생각한다. 이것은 집단 면역의 도움을 받으려는 사람들에게는 나쁜 소식이다. 코로나19에 걸렸던 사람이 다시 감염되지 않고 면역력을 갖게 되는 기간이 몇 달뿐이라면, 집단 면역도 수명이 짧을 것이다. 이것은 우리가 집단 면역을 얻기 위해 코로나19에서 회복된 사람들보다는 백신 접종에 의존해야 한다는 것을 뜻한다. 2020년 10월의 인터뷰에서 앤서니 파우치는 이렇게 말했다. "우리가 나라 전체를 담요로 싸서 보호하는 것 같은 진정한 집단 면역을 바란다면, 국민 가운데 75~85%가 백신을 맞아야 합니다. 저는 85%에 가까운 비율이어야 한다고 말하고 싶습니다."

하지만 새로 나타난 변종 코로나바이러스는 집단 면역을

2021년 1월 21일, 바이든 대통령은 200페이지나 되는 팬데믹 대처 계획을 발표했다. 여기에는 포괄적인 백신 접종 캠페인, 임상 시험 프로그램 확대, 그리고 대중교통을 통해 지역을 넘나드는 여행을 할 때 마스크를 쓰도록 요구하는 지침이 포함되었다.

위협한다. 사스-코브-2는 인구 집단을 따라 돌면서 돌연변이가 일어나 약간 다른 변종이 된다. 2020년 말에는 영국에서 변종 바이러스가 나타났다. 2021년 초에는 남아프리카와 브라질에서 변종이 나왔다. 그리고 최소한 7개의 새로 확인된 변종들이 미국에서 자생하고 있다. 어떤 변종은 다른 것들에 비해 전염성이 강하며, 어떤 변종은 더욱 치명적일 수 있다. 2021년 이른 봄에는 영국의 변종이 감염자들 사이에서 치명률을 55% 증가시켰다는 사실이 밝혀졌다. 백신은 여전히 사람들을 새로운 변종으로부터 보호할 수 있지만, 얼마나 효과적일지는 불확실했다. 그래서 백신 제조업체들은 변종 바이러스에 대응하기 위해 약간 변형된 백신을 개발해야 할지 고려하기 시작했다.

인구 대다수가 백신 접종을 받는 것만이 코로나19 팬데믹을 억제하는 유일한 방법인 듯하다. 전문가들은 비록 백신을 맞았더라도 마스크를 쓰고, 되도록 집에 머무르며, 사회적 거리두기를 지키고, 손을 잘 씻는 등 바이러스 확산을 늦추기 위해 고삐를 풀어서는 안 된다고 경고한다. 사람들에게 백신을 보급하는 데는 여러 달이 걸렸다. 그러는 동안에도 수많은 사람들이 계속 바이러스에 감염되어 목숨을 잃고 있다. 그렇기 때문에 백신을 접종하기 시작한 이후에도 확산을 늦추기 위한 여러 조치를 계속 취할 필요가 있다.

9장

새로운 사회가 등장할까?

바이러스가 계속 돌아다니는 한 우리는 정상적인 삶을 누리지 못합니다. 그 대신 하루가 다르게 세상에 대한 새로운 기준이 등장해서 진화할 것입니다.

-마틴 블레이저(Martin Blaser), 러트거스대학교 의과대학 병리학 교수, 2020년

0I 끔찍한 코로나19 팬데믹 이후 우리는 과연 정상적인 삶으
로 돌아갈 수 있을까? 시대 변화에 따라 새롭게 떠오르는
기준이나 표준을 뜻하는 '뉴노멀new normal'이라는 신조어가 일상적
으로 쓰일 정도로 코로나19 팬데믹은 우리의 삶을 크게 바꾸어
놓았다.

무엇이 '정상'인지에 대한 기준은 각자 다르다. 하지만 많은
사람들에게는 학교에 가서 친구들을 만나고 선생님과 직접 대화
할 수 있는 생활일 것이다. 또 공연이나 스포츠 경기, 영화, 콘서
트를 직접 관람하는 것을 말하기도 한다. 마스크를 쓰지 않은 채
쇼핑몰에 가서 옷을 사고, 친구들과 길거리 음식을 사 먹고, 가족

들과 껴안으며 인사하는 것이기도 하다. 직장이 있는 사람들은 다시 일터로 돌아가 동료들과 업무를 의논하거나 화상 회의가 아닌 직접 만나서 회의하는 것을 '정상'이라고 여길 것이다. 팬데믹 기간에 일자리를 잃은 사람들은 안정적인 수입을 회복해 자신만의 '정상'으로 돌아가기를 바랄 것이다.

새로운 정상, 뉴노멀

2020년 내내 학교와 의료 기관, 식당, 상점, 사무실에서는 여러 사람과 직원들에게 좀 더 안전한 환경을 제공하는 최선의 방법을 배웠다. 실내에서 식사를 할 수 없게 되자 식당에서는 야외석을 마련했다. 학교와 회사에서는 실내에 손 세정제를 갖춰 놓고, 책상과 책상 사이에 플라스틱 가림막을 세웠다. 비행기와 의료 시설에서는 앞으로도 성능이 좋은 공기 청정기를 계속 사용할 것이다.

학교에서는 학생들이 일주일에 몇 시간은 직접 강의를 듣고 나머지는 온라인으로 강의를 듣는 '혼합 모델'을 채택했다. 사회적 거리두기를 위해 교실에서 책상과 책상 사이의 간격을 더 멀리 띄우면서 예전보다 적은 수의 학생들만 출입하게 되었다. 친구나 선생님을 자주 만나지 못하는 단점이 있지만, 학생들은 이 혼합 모델 아래서도 거의 잘 해냈다.

재택근무자들은 대도시의 비싼 집을 팔고 교외나 소도시에 있는 더 저렴한 집으로 이사를 갔다. 한 연구에 따르면, 2300만 명에 이르는 미국인들이 팬데믹 때문에 이사할 계획을 잡았다. 페이스북(2021년 10월에 '메타'로 회사 이름이 바뀜)이나 트위터를 비롯한 몇몇 대기업들은 팬데믹 기간에 집에서 일했던 직원들이 아예 집에 무기한 머물수 있도록 할 계획을 세웠다. 페이스북의 회장 마크 저커버그^{Mark Zuckerberg}는 앞으로 5~10년 안에 직원 절반이 원격으로 일하게 될 것이라고 밝혔다. 팬데믹 기간에 이루어진 재택근무는 몇몇 사람들에게는 좋은 사업 모델이 되었다.

트위터의 인사 담당자 제니퍼 크리스티^{Jennifer Christie}는 이렇게 말했다. "우리 직원들이 재택근무를 할 수 있는 상황에 놓이고 나중에도 계속 재택근무하기를 바란다면 그렇게 할 것입니다. 하지만 그렇지 않다면, 우리가 복귀해도 안전하다고 느껴질 때 사무실에 몇 가지 추가적인 예방 조치를 취하고 직원들을 따뜻하게 맞을 것입니다."

소규모 회사들도 마찬가지였다. 직원들이 재택근무를 할 수 있다면 회사는 더 작은 사무실로 옮길 수 있고, 결과적으로 임대료나 공공요금을 낮출 수 있다. 몇몇 사람들은 사무실에 출근할 때 차려입을 옷을 사는 대신 실내복만 사다 보니 의류비가 줄어든다는 사실을 알게 되었다. 게다가 출퇴근할 필요가 없어서 기름값도 덜 들었다. 또 집에서 점심을 먹으면 사람들로 붐비는 점심시간에 식당에서 식사하는 것보다 돈이 적게 든다.

대부분의 직장인들은 재택근무로 옮겨 갔다. 같은 공간에 오랫동안 혼자 머무는 것은 사람들의 정신 건강을 해칠 수 있다. 하지만 꽤 많은 사람들이 가족과 더 많은 시간을 보내는 이점을 누리기도 한다.

NPR 방송은 다음과 같은 기사를 실었다. "팬데믹 기간에 널리 쓰였던 줌ZOOM 같은 화상 회의 애플리케이션은 직장에 좀 더 유연한 근무 환경을 제공한다. 전화와 노트북이 갖춰지고 능력만 있다면 사무직 종사자는 언제 어디서든 업무를 볼 수 있다." 한편 사무실에서 일하는 게 낫다고 생각하는 사람들도 있을 것이다. 그러니 '뉴노멀' 사회에서는 직원이 재택근무와 사무실 근무 가운데 한 가지를 선택하게 할 가능성이 높다.

팬데믹이 시작되었을 때 고용주들이 수백만 개의 정규직 일자리를 없애면서 많은 근로자들이 프리랜서로 일해야 했다. 어떤

수많은 회사가 팬데믹 기간에 문을 완전히 닫고 말았다.

사람들에게는 이런 방식이 적합할지도 모르지만, 프리랜서는 고용주가 제공하는 혜택이나 의료 보험을 받지 못하는 경우가 많다. 그런데도 프리랜서가 된 사람 가운데 60%는 팬데믹이 끝나면 종전까지 해 왔던 전통적인 방식으로 돌아가기보다는 프리랜서에 충실하고 싶다고 답변했다. 2020년에는 프리랜서가 전체 근로자의 3분의 1 이상을 차지했다. 팬데믹이 끝난 뒤 직장의 뉴노멀은 여러 방식이 혼합된 근무 형태일 것이다. 다시 말해 직장에서 일하는 사람들, 한 회사에 소속되어 있지만 집에서 일하는 사람들, 여러 고용주를 위해 여러 종류의 일을 하는 프리랜서들이 공존할 것이다.

미국의 공중 보건

공중 보건은 집단이나 지역 사회의 건강을 보호하기 위해 연구하는 예방 의학이다. 질병통제예방센터와 미국 국립보건원 같은 기관은 미국 공중 보건 분야에서 큰 역할을 한다. 하지만 코로나19 팬데믹 기간에는 이전과 달리 정치인들이 그들의 업무를 방해하곤 했다.

질병통제예방센터의 전직 소장들은 백악관의 코로나19 팬데믹 대처 방식을 두고 강력히 비판했다. 트럼프 대통령이 명확한 방향도 없이 질병통제예방센터를 비롯한 정부 기관에 끊임없이 공격을 퍼부으면서 미국 국민들이 질병통제예방센터를 믿지 못하는 결과를 가져왔다는 것이다. 질병통제예방센터 전 소장인 윌리엄 포지(William Foege)는 이렇게 말했다. "이것은 이 감염병에 대한 최악의 대처입니다. 고작 한 사람, 또는 한 무리의 사람들이 우리 기관의 명성을 그 정도로 더럽힐 수 있다니 놀라운 일입니다." 포지는 단 6개월 만에 질병통제예방센터의 명성이 황금에서 구리로 변했으며, 이제는 향후 수십 년 동안 최고의 과학자들을 불러 모으는 것도 힘들어질 수 있다고 덧붙였다. 또한 트럼프 행정부는 당시 질병통제예방센터 소장인 로버트 레드필드에게 감염병 관련 문제에 대한 센터의 지침을 개정하라고 압력을 넣었다. 게다가 국립 알레르기·감염병연구소 소장 앤서니 파우치는 너무나 자주 대통령의 비난을 받은 나머지 자신과 가족이 생명에 위협을 받기도 했다.

쇼핑은 어떻게 바뀔까? 옷, 식료품, 생활필수품을 판매하는 쇼핑몰이나 식료품점이 팬데믹 이후에도 예전과 같은 모습일까? 수많은 소규모 상점과 식당이 팬데믹 기간에 아예 폐업했다. 폐업하지 않고 버텨 보려고 애쓰는 상인들도 미래가 불확실했다. 2020년 10월 구글 커머스의 사장 빌 레디Bill Ready는 이렇게 말했다. "소비자들은 지난 6개월 동안 쇼핑 방식을 오프라인에서 온라인으로 급작스럽게 바꾸었습니다. 이전에는 많은 소매상인들이 '전자 상거래는 전체 사업에서 적은 부분을 차지할 테고, 아마도 비중이 10%를 넘기지 못할 것'이라고 얘기했습니다. 하지만 이제 많은 소매업체에서 온라인 판매가 30~40%를 웃도는 수준으로 크게 성장했죠."

팬데믹 기간에는 온라인 소매상에게 옷을 주문하고 며칠 뒤에 배달을 받는 것까지 쇼핑에 포함되었다. 식료품점 고객들은 온라인으로 주문한 제품을 지정 장소에 가서 차를 탄 채 받는 '커브사이드 픽업'이나 자택 배달을 요청했다. 많은 사람들이 이러한 쇼핑 방식을 선호했다. 그렇다면 온라인 주문과 자택 배달의 급증이 쇼핑 분야의 뉴노멀이 될지도 모르겠다.

뉴노멀에서 살아남기

사람들은 팬데믹을 겪으면서 이제 모든 상황이 예전과 같이 돌아가지 않으리라는 사실을 깨달았다. 어떤 것들은 영원히 바뀔 것이다.

온라인 수업으로 고등학교 첫해를 보내야 했던 샬럿 벤틀리는 자신의 뉴노멀 생활은 예전과 매우 다르다고 말한다. "이제는 확실히 제 건강뿐만 아니라 다른 사람들의 건강에 대해서도 더 잘 알고 있어요. 공공장소에 갈 때는 항상 마스크를 써요. 누군가 마스크를 쓰지 않으면 금세 눈에 띄죠. 여럿이서 놀지도 못하고, 추수감사절에 이웃집에 사탕을 받으러 가지도 못하고, 학교에 갈 수 없다는 건 무척 힘든 일이에요. 빨리 코로나19 팬데믹이 끝나서 학교로 돌아갈 수 있었으면 좋겠어요. 코로나19 팬데믹이 끝나더라도 외출했을 때 주변 환경에 대해 예전보다 주의하고 신경을 쏟을 게 분명해요."

고등학생 에이든 커크먼은 이렇게 말한다. "팬데믹 이후 저의 뉴노멀은 일어나자마자 컴퓨터 앞에 앉아서 온라인으로 수업을 받는 것이에요. 친구 집에 놀러 가서 자고 오거나, 마스크를 쓰지 않고 밖에 나가는 건 엄두도 못 내죠. 하루 빨리 친구들을 직접 만나고, 스포츠 경기를 관람하고, 학교에 갈 수 있었으면 좋겠어요."

대학생인 미아 하튼은 겨우 일주일 학교에 다녔는데, 대학이 문을 닫았다. 미아는 기숙사를 나와 집으로 돌아가 온라인 수업을 받아야 했다. "지금 저의 뉴노멀은 일주일 내내 온라인으로 수업을 받는 거예요. 친구들도 거의 못 만났어요. 다음 학기에는 학교에 갈 수 있었으면 좋겠어요. 저에게는 그게 앞으로 최고의 뉴노멀이에요."

크리스 오블리가는 당뇨병을 앓는 27세의 언어 치료 보조원으로, 코로나19에 감염된 지 여러 달이 지났지만 아직도 완전히 회복되지 못했다. "제 인생은 정말로 홱 뒤집혔어요. 저의 뉴노멀은 받아들이기가 힘들어요. 매일 달라진 일상과 씨름해야 하죠. 1년 뒤에는 등산이나 캠핑, 배낭여행, 웨이트 트레이닝처럼 좋아하는 취미를 편히 즐길 수 있었으면 좋겠어요. 또 가족과 친구들을 사랑하니까 언제든 껴안고 인사하고 싶어요. 무엇보다도 건강이 소중하고, 숨을 잘 쉬는 것도 중요하다는 사실을 알았어요. 나중에 대학원에 가서 언어병리학자가 되고 싶어요. 내 이야기를 풀어 놓는 건 고통스럽겠지만, 내가 겪었던 일을 다른 사람이 겪지 않도록 하고 싶거든요. 코로나19는 인생 모든 면에 영향을 미칠 수 있으니 사람들이 이 병을 앞으로도 심각하게 받아들였으면 해요."

전문가들은 코로나바이러스가 백신 접종 후에도 사라지지 않을 수 있다고 말한다. 이 바이러스는 앞으로 수십 년 동안 전 세계를 돌고 돌지도 모른다. 물론 면역이 널리 퍼지고 우리 몸이

우리가 코로나19 팬데믹으로부터 배운 것

사스-코브-2가 전 세계를 강타했을 때 앞으로 무슨 일이 닥칠지 제대로 예측한 사람은 거의 없었다. 미국의 과학 잡지 〈사이언티픽 아메리칸〉이 그동안 우리가 배운 몇 가지 사실을 다음과 같이 정리했다.

- 코로나19는 어디에서나 발병할 수 있다.

- 코로나19는 모든 사람에게 증상을 일으키고 목숨을 빼앗을 수 있다.

- 바이러스에 오염된 표면은 큰 위험 요소가 아니다.

- 바이러스는 공중에 떠서 전염된다.

- 바이러스에 감염되었지만 증상이 없는 사람들도 많다.

- 여름이 되어 따뜻해져도 바이러스의 전파를 막지 못할 것이다.

- 마스크는 효과가 있다.

- 인종이 아닌 인종 차별주의가 바로 사람들을 위협하는 요인이다.

- 잘못된 정보는 사람을 죽인다.

어느 코로나19 중증 환자의 병상 일지

코로나19로 거의 죽을 뻔한 27세의 언어 치료 보조원 크리스 오블리가는 그래도 운이 좋은 사람들 가운데 하나다. 6개월 뒤 크리스는 자기가 어떻게 병에서 회복되었는지를 기록으로 남겼다.

6개월 전, 저는 숨을 쉴 수 없었으며 혼수상태에 빠졌습니다.

5개월 전, 저는 의식을 되찾았습니다. 하지만 목소리가 나오지 않았고 침대에 누워 있어야 했죠.

4개월 전, 침대에서 일어나려면 숨이 찼습니다.

3개월 전, 1.6킬로미터 이상은 걸을 수 없었습니다.

2개월 전, 계단을 오를 수가 없었죠.

1개월 전, 조깅을 하다가 숨이 차서 가끔 멈춰야 했습니다.

오늘 저는 제가 사랑하는 사람들과 함께 좋아하는 일들을 했습니다. 3개월 전까지만 해도 하이킹과 배낭여행은 옛날 일일 뿐 이제는 못 할 거라고 말했을 거예요. 오늘 저는 그 생각이 틀렸다는 것을 스스로 증명했습니다. 내가 할 수 있다고 생각했던 것보다 더 많은 활동을 했으니까요.

올해는 인내와 신의 축복과 이해심을 저에게 가르쳐 준 한 해였고, 저는 이번 해를 앞으로도 결코 잊지 못할 것입니다.

모두 새해 복 많이 받으시고 계속해서 주의를 늦추지 마세요. 전에도 들으셨겠지만 다시 한번 말씀드리죠. 마스크를 쓰세요. 과학을 믿으세요. 수분을 많이 섭취하세요. 그리고 인종 차별주의자가 되지 마세요. 우리가 힘을 모으지 않는다면 올해도 2020년과 크게 달라지지 않을 거예요. 다 같이 힘냅시다. 제가 해냈으니 여러분도 이겨 낼 수 있습니다.

-사랑을 담아, 크리스

2021년 1월 크리스 오블리가는 캘리포니아주 오번에 자리한 클레멘타인 호숫가에서 하이킹을 하면서 코로나19 중증에서 회복된 것을 축하했다.

그것에 적응하면서 바이러스는 덜 치명적으로 될 것이다.

그렇다면 우리는 이번 사태를 통해 또 다른 감염병이 인류를 덮치는 것을 막기 위해 알아야 할 사실들을 충분히 배웠을까? 학자들은 이 팬데믹이 진정되고 나면, 우리 인류는 다시는 이런 일이 일어나지 않도록 사회 기반 시설을 구축할 기회를 갖게 될 거라고 말한다.

팬데믹 초기에 처음으로 사람들을 집에서 머물게 하는 봉쇄령이 내려지자, 전 세계 사람들은 예전보다 공기가 맑아졌다는 사실을 알아챘다. 그뿐만 아니라 온실가스 배출과 소음 공해도 줄어들었다. 가끔은 야생 동물들이 대도시의 거리를 돌아다니기도 했다. 멀리 떨어진 산이 다시 보이기 시작했다. 하지만 음식 배달과 포장으로 플라스틱 용기의 사용이 늘어나면서, 팬데믹은 환경에 부정적인 영향을 끼치기도 했다.

전 세계 사람들은 과연 팬데믹으로부터 교훈을 얻고 그동안 배운 것을 통해 지속적인 변화를 일구어 갈 수 있을까?

WHO 사무총장 테워드로스 아드하놈 거브러여수스는 그런 변화가 일어나기를 바란다. 2020년 8월 기자 회견에서 사무총장은 다음과 같이 말했다. "코로나19 팬데믹은 기후 변화에 대응하기 위한 노력에 박차를 가해야 한다는 사실을 다시금 알려 주었습니다. 코로나19 팬데믹은 더 깨끗한 강과 하늘이 있는 세상을 살짝 엿보게 해 주었죠."

그의 말대로 기후 문제를 해결하고자 애쓰다 보면 팬데믹에서 비롯하는 온갖 나쁜 소식에서 벗어나 좋은 소식을 들을 수 있지 않을까?

지식은 모험이다 24

10대를 위한 코로나바이러스 보고서

처음 인쇄한 날 2022년 3월 10일
처음 펴낸 날   2022년 3월 21일

글   코니 골드스미스
옮김   김아림
펴낸이   이은수
편집   오지명, 박진희
교정   송혜주
디자인   원상희
펴낸곳   오유아이(초록개구리)
출판등록 2015년 9월 24일(제300-2015-147호)
주소   서울시 종로구 비봉 2길 32, 3동 101호
전화   02-6385-9930
팩스   0303-3443-9930
인스타그램 instagram.com/greenfrog_pub

ISBN 979-11-5782-157-0 44400
ISBN 978-89-92161-61-9 (세트)